▲图1-1（正文第3页） 20世纪20年代的中国女学生

演 表 装 时 之 社 青 联 海 上

▲图2-1（正文第11页） 上海联青社之时装表演

▲图2-2（正文第12页） 联青社时装大会报道

▲图2-3（正文第13页） 参加天津辽灾筹赈会国货时装表演的王涵芳女士

▲图2-4（正文第14页） 天津妇女慈善游艺会时装表演之闺秀

清朝旗装新娘
（饰姐小安静包）

民国初年新娘
（饰姐小敏嘉包）

现代夏季时装
（饰姐小陶百咪）

▲图2-5（正文第14页） 北平妇女历代服装表演

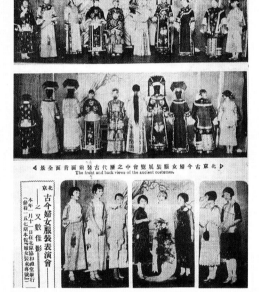

◀北京古今妇女服装展览会中之历代古装前面背面圣景▶
The front and back views of the ancient costumes.

北京
古今妇女服装表演会
—之又数佳影—

▲图2-6（正文第15页） 北京古今妇女服装表演会

◀北平女青年会举行灵修会中贝满女中学生表演世界各界宗教服装▶

▲图2-7（正文第16页） 北平女青年会举行灵修会中贝满女中学生表演世界各界宗教服装

鼎章攝　　　　東裝代歷清明元宋唐演表媛名界各　　　　會大舞跳裝服之店飯德順利津天日七十月一

The fancy dress ball at Li Shun Teh Hotel, Tientsin, on 17th. ult. Old Chinese costumes of Tang, Sung, Yuan,

▲图2-8（正文第16页）　天津利顺德饭店之服装跳舞大会各界名媛服装表演

▲图2-9（正文第17页）　北平女青年会举行三时代之时装表演会

▲图2-10（正文第17页）　历代妇女名流服装表演

▲图2-13（正文第19页）　汽车展览会中之云裳时装公司之新装表现

▲图 2-15（正文第 22 页） 鸿翔公司时装表演之全体仕女

▲图 2-16（正文第 22 页） 参加百乐门大饭店 1934 年 11 月 27 日时装表演的上海名媛

▲图 2-17（正文第 23 页） 参加百乐门大饭店 1934 年 11 月 29 日时装表演的部分明星

▲图 2-18（正文第 24 页） 胡蝶女士的春季新装束：鸿翔公司设计制造

▲图 2-19（正文第 26 页） 上海永安百货公司夏令时装表演之程玉坚女士

▲图 2-20（正文第 26 页） 上海永安百货公司夏令时装表演之吴丽莲女士

▲图 2-21（正文第 27 页） 永安百货公司时装表演部分时装

▲图 2-22（正文第 28 页） 美亚织绸厂在上海大华饭店举办的十周年服装表演

▲图 2-23（正文第 28 页） 美亚绸厂与先施公司联合服装表演

▲图 2-25（正文第 30 页） 参加国货时装展览会的务本女校学生

▲图 2-24（正文第 30 页） 国货时装表演展览会之婚礼服

▲图 2-26（正文第 30 页）　国货时装展览会的男士
服装

▲图 2-27（正文第 30 页）　国货时装展览会的部分女装

▲图 2-28（正文第 31 页）　1933 年中国国货公司
时装大会部分时装

▲图 2-30（正文第 32 页）　参加丽娃栗妲村时装
表演中的王秀珍女士

▲图 2-29（正文第 32 页）　丽娃栗妲村消夏同乐会

▲图 2-31（正文第 32 页）　大华呢绒时装展览之表演者

▲图 2-33（正文第 35 页） 影星时装模特

▲图 2-32（正文第 34 页） 20 世纪 30 年代的
时装模特

▲图 2-35（正文第 36 页） 《永安月刊》第 9 期封
面模特郑倩如女士

▲图 2-34（正文第 36 页） 《永安月刊》第 2
期封面模特吴丽莲女士

▲图 2-36（正文第 36 页） 1935 年参与夏令时装表演的上海永安百
货公司女职员

▲图 2-37（正文第 41 页） 20 世纪 30 年代《时代》
新秋时装摄影

▲图2-38（正文第41页） 20世纪30年代《时代》流行时装摄影

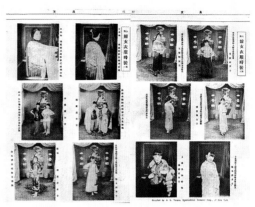

▲图3-1（正文第45页） 《良友》画报1926年第4期对上海时装表演的图片报道

▲图3-2（正文第48页） 1933年好莱坞时装展览

▲图3-3（正文第48页） 1934年好莱坞新装展览

▲图3-4（正文第49页） 20世纪初期穿着文明新装的培华女子中学学生

▲图3-5（正文第49页） 20世纪20年代穿着两节制服装的女学生

▲图3-6（正文第50页） 时装表演中穿着鸿翔时装旗袍的明星

▲图3-8（正文第51页） 永安公司时装表演中的旗袍装的新样

▲图3-10（正文第51页） 《社会画报》
封面的阮玲玉女士旗袍装

▲图3-11（正文第51页） 《中华》上海1935年
新式旗袍

▲图3-14（正文第53页） 穿着西式连衣裙的名媛

▲图 3-7（正文第 50 页） 时装展览中的布衣旗袍

▲图 3-9（正文第 51 页） 《良友》部分封面女性旗袍形象

▲图 3-15（正文第 54 页） 1933 年中国国货公司时装大会中的部分礼服

▲图 3-17（正文第 56 页） 永安公司 1935 年时装表演中穿着裤装的女营业员

▲图 3-19（正文第 56 页） 穿着衬衣的阮玲玉女士

▲图 3-20（正文第 56 页） 1932 年的流行时装大衣

▲图 3-21（正文第 57 页） 1949 年的西式大衣

▲图 3-22（正文第 58 页） 穿着时尚运动装的影星模特胡蝶

▲图 3-23（正文第 58 页） 《良友》画报封面模特的运动造型

▲图3-16（正文第54页）　1934年鸿翔公司与百乐门时装表演中的部分礼服

▲图3-24（正文第58页）　永安公司时装表演中的泳装表演

▲图3-25（正文第59页）　1936年夏季影星游泳辑

▲图3-26（正文第60页）　1926年上海联青社时装表演中的范夫人新妆

▲图3-28（正文第60页）　1929年电影界的流行发型

▲图 3-29（正文第 61 页）　叶浅予绘画 1929 年流行发型

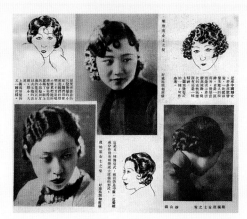

▲图 3-30（正文第 61 页）　《上海漫画》对烫发的部分介绍

▲图 3-31（正文第 61 页）　参加 1930 年国货时装表演的名媛大多为短发或烫发

▲图 3-32（正文第 62 页）　胡蝶女士 1935 年穿裘皮大衣戴礼帽形象

▲图 3-33（正文第 62 页）　1940 年春，戴时尚礼帽的上海 时髦女性

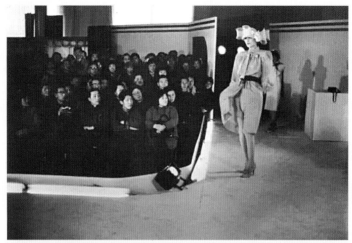

▲图 4-3（正文第 70 页）　皮尔·卡丹 1979 年的时装展示会

▲图 4-4（正文第 70 页）　1979 年穿着皮尔·卡丹的夹克的外国模特

▲图 4-5（正文第 71 页） 皮尔·卡丹 1981 年在北京饭店第一次公开时装表演

▲图 4-8（正文第 72 页） 2016 年甘肃省黄河石林国家地质公园《纯粹的西部放歌》主题时装发布会

▲图 4-9（正文第 72 页） 2018 年"卡丹红"时装发布会在长城举办

▲图 4-7（正文第 72 页） 2007 年皮尔·卡丹敦煌时装发布会

▲图 4-6（正文第 72 页） 1990 年皮尔·卡丹北京太庙时装发布会

▲图 4-38（正文第 90 页） 2021 年中央广播电视总台春节联欢晚会中的《山水霓裳》时装秀

中国服装表演

百年发展与创编研究

中 国 服 装 表 演 百 年 发 展 与 创 编 研 究

武汉纺织大学学术著作出版基金资助出版

中国服装表演
百年发展与创编研究

郭海燕　著

中国纺织出版社有限公司

内 容 提 要

本书包含中国服装表演产生的时代背景、近代中国早期服装表演、20世纪初期服装表演视角下的女性服饰、现代服装表演的发展、中国特色服装表演创编五大篇章。以20世纪初期中国服装表演的发端为切入点，从社会背景与服饰文化视角，对中国服装表演的百年发展进行梳理与对比；分析中国服装表演的发展规律、社会价值以及在专业化进程中显示出的中国特色。从创新编排视角对服装表演的元素进行归类与运用，通过服装表演这一载体实现中国传统文化艺术的传承，让具有中国特色的服装表演焕发独特魅力，对中国服装表演本土化创编有现实指导意义，传递社会开放、思想进步与文化自信。

本书对中国服装表演本土化创编具有指导意义，适用于服装及服装表演专业从业人员以及服装表演爱好者。

图书在版编目（ＣＩＰ）数据

中国服装表演百年发展与创编研究 ／ 郭海燕著. --北京：中国纺织出版社有限公司，2022.11

ISBN 978-7-5180-9813-2

Ⅰ. ①中… Ⅱ. ①郭… Ⅲ. ①服装表演－发展－研究－中国 Ⅳ. ①TS942

中国版本图书馆CIP数据核字（2022）第157884号

责任编辑：宗　静　　　　特约编辑：渠水清
责任校对：王蕙莹　　　　责任印制：王艳丽

中国纺织出版社有限公司出版发行
地址：北京市朝阳区百子湾东里 A407 号楼　邮政编码：100124
销售电话：010—67004422　传真：010—87155801
http：//www.c-textilep.com
中国纺织出版社天猫旗舰店
官方微博 http：//weibo.com/2119887771
北京通天印刷有限责任公司印刷　各地新华书店经销
2022 年 11 月第 1 版第 1 次印刷
开本：787×1092　1/16　印张：11　彩插：16
字数：198 千字　定价：88.00 元

前言

  2021年是中国共产党成立一百周年，也是全面建设社会主义现代化国家新征程的第一年。"欲知大道，必先为史"，历史背后蕴藏着生生不息的思想力量、文化底蕴、精神动能，是最好的教科书。

  历史就像一面镜子，既可以看到过去，也可以照亮前方。中国服装表演的出现和发展经历了发端、辉煌、曲折、复苏、繁荣多元的历程，政治与经济、文化相互影响、相互促进，都显露在中国服装表演百年发展的进程中。

  随着20世纪西方服装表演的发展和繁荣，新的观念、新的探索层出不穷，人们对服装的表现形式和深层理解也更为多样。要研究服装表演艺术的发展特征，首先应确定"服装表演"与"时装表演"的概念。"服装表演"与"时装表演"的英语翻译都是Fashion Show，其中"服装"是衣服鞋帽的总称，穿在身上起到保护和装饰作用，包含不同的风格和种类；"时装"是指新颖又具时代感的服装，属服装大类品种之下的一个分支。

  20世纪20年代后，我国传统服饰渐渐衰落，受西方服饰文化的影响，中国服饰不断变迁，随着社会风气的逐渐开放，我国服装表演也应运而生。20世纪20~40年代末，服装表演对于社会公益、妇女解放的意义尤为重要，是我国服装表演史上的重要阶段。改革开放以来，中国服饰的发展从封闭走向开放，呈现出多元化的面貌，市场经济的发展，网络时代的繁荣，带动我国服装表演快速成长并成熟。现阶段，人们的生活稳定幸福，国泰民安，中国的国际地位不断提升，中国人民更加自信。随着时代的变迁，时尚是不断变化的，但不变的是我们追求美的初心。中国服装表演经历了将近百年的发展，逐渐形成了独特的风格，作为历史文化的组成部分之一，体现我国服饰文化、服装变迁、社会变革、民众思想，具有重要的文化价值。

　　本书第一章以20世纪初期中国社会背景为切入点，通过分析女性解放、女子教育以及同时期西方服装表演的发展等方面来导入中国服装表演的应运而生。第二章从中国早期服装表演的发端开始，从时间顺序与性质归类方面，梳理了20世纪20～40年代较有影响的服装表演活动。第三章分析介绍20世纪20～40年代服装表演展示的服饰种类以及20世纪初期的女性流行服饰。第四章首先分析中国服装表演在20世纪50～70年代末销声匿迹的原因。重点阐述改革开放初期中国服装表演的初创、发展历程、表演类型等，介绍了20世纪90年代至今中国服装表演的发展规律、社会价值以及在专业化进程中显示出的中国特色。第五章从服装表演创新编排视角对服装表演的元素构建进行归类与运用，创编具有中国特色的成套服装表演设计（作品），对中国代表性的旗袍服饰表演进行分析与推广，最后对传统文化与"非遗"元素在服装表演中的表达进行理论分析与展望。

　　真正的时尚，除了服装表演展示外，还有扎根于每一个中国人内心深处的审美认同。中国服装表演百年发展与创编研究，注重时代内涵和当代表达，鼓励大众广泛参与，实现了中国传统的现代化新生和中国文化的世界化表达。

2022年6月

目录

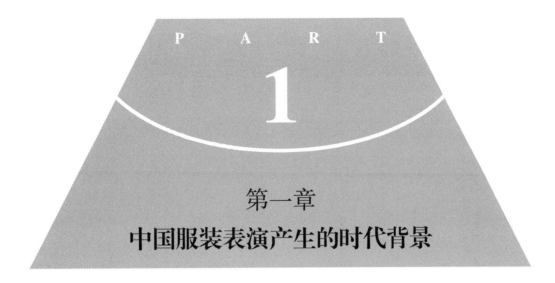

第一章
中国服装表演产生的时代背景

中国服装表演的产生和发展有着必然的时代背景。辛亥革命推翻了两千多年的封建帝制，带来了人民自由的权利，极大促进了民族的觉醒。"临时政府颁布的《中华民国临时约法》使中国妇女也获得了前所未有的民主权利，消除妇女解放的体制障碍，提高社会地位。南京国民政府推出了消除弊病和新生活运动的措施。宽松的环境为妇女解放创造了政治条件。"[1]新文化运动的思想引领和西式社会生活为女性跳出禁锢、进入社会空间创造了良好的社会文化氛围。"辛亥革命后，妇女运动在社会上广泛开展。中国女性开始摆脱封建羁绊，向往平等、自由、解放的思想也开始在社会上广泛传播。"[2]随着妇女解放意识的加强，政府也开始对妇女运动给予更多的支持。在政府的支持下，一些以女性为主的社会团体也逐渐增多，如妇女权益与妇女维护协会、中国监狱改良协会、妇女改革协会、中国妇女参与协会等开始活跃于社会，也为中国女性教育做出了很好的榜样。

第一节　女性的解放

20世纪前，如果让中国妇女在小脚和健康的体魄之间做一个选择，大部分的妇女会选择前者。这种自愿选择的背后固然与人们的审美有关，然而男权社会的凝望和夙

---

[1] 薛艳丽.民国时期的女性健美研究［D］.保定：河北大学，2015.
[2] 刘玉琪.民国时期上海地区女子服饰研究（1927—1937年）［D］.北京：北京服装学院，2017.

愿才是导致这一结果的必然因素。由于长期的抑制，女性存在的结构发生了惊人的变异，漫长的传统理念把中国女性塑造成理想中的女性形象，女性角色固定为"女儿、妻子、母亲"的三重身份复合，女性的生活范围受到了限制。

一、女性身体的解放

女性的解放首先表现在身体的解放。中国女性身体的解放具体始于缠足的废除。缠足在当今看来是不合理的病态审美。给女性身体带来的直接后果是脚的畸形。缠足虽然是男权社会强加给女性身体的枷锁，但女性身体真正的束缚和重塑来自女性自身。经过几代人的传承，女性已经将缠足视为一种先天的社会准则，无论富贵还是卑微，都应该无条件地接受和执行。在漫长的反复出现的缠足周期中，女性自发地遵循缠足规范的心理制约和倾向，并通过训诫达到完全约束和无条件遵循的地步。

辛亥革命的胜利，使得20世纪20年代之后，以知识女性为代表的中国妇女逐渐觉醒。她们以报刊为阵地，号召女性身体解放和思想解放，缠足、束胸等恶习被推到了风口浪尖，与此同时，在西学东渐的沿海城市，女权运动者吹响了女性健美的号角，掀起的健美运动使健康、美丽的女性登上了历史的舞台。正如胡适先生在《女子问题》中所说："如果我们不能实行天足运动，我们就不配谈女子解放。"❶同时，胡适先生也在这篇文中反对女子束胸。

20世纪30年代后，在妇女解放思潮和大众传媒的宣传下，妇女自我意识觉醒，对于刚刚缠足或者未开始缠足的妇女来说，这当然是一件幸运的事，天足的妇女已然成为时髦女性的代表。

1927年《北洋画报》记载了这样的情形："在二十岁以上，天足的已经不少了，在那些通都大邑，那就更多了。"时髦小姐们"穿了一双丝袜，一双绣花鞋，或是一对像半双袜子式的皮鞋，在看惯了的人，也就不觉得难看。她们在夏天，又凉快，又舒服，真是人生的幸福"。不过，思想和舆论总是先行，并不完全和实践同步，在现实中直到20世纪50年代以后才全面彻底废止缠足。❷

"中国女性束胸的习俗由来已久，但在不同年代，束胸却有着不同的形式与意义。20世纪初期，束胸成为一种社会风气乃至一种时尚，女性为了保持胸部平坦的外形，用布条紧紧将胸部束住。与当今塑造胸部立体形态的'塑胸'不同，束胸的目的却是

❶ 全健.五四时期胡适妇女解放思想研究［D］.长沙：湖南师范大学，2006.
❷ 段杏元，王业宏.从民国内衣文化现象看中国女性身体的解放［J］.武汉纺织大学学报，2015（1）：51–54.

将女性胸部紧束，使之平坦，使体型趋于苗条。"❶

束胸的陋习源于千百年来的封建意识及中华民族特有的含蓄的审美标准。这种审美标准导致束胸运动大行其道，目的在于追逐所谓的"平胸之美"。从20世纪初期的女性照片中可以看出，女性身形大多胸部平坦，含胸和驼背现象比较普遍，缺乏女性应有的曲线美（图1-1）。

束胸给女性身体带来了严重的危害，比如压迫甚至移位了内脏器官，堵塞了呼吸功能，进而引发一系列的肺病、驼背、心血管疾病等问题，同时也严重影响了乳房的发育。这一现象逐渐引起关注。

图1-1 20世纪20年代的中国女学生❷

1927年7月，在广东，激烈的争论迅速演变成一场轰轰烈烈的妇女运动。在国民党广东省政府委员会第三十三次会议上，广东省民政厅代厅长朱家骅提交了一份禁止女性束胸的提案；1929年11月，南京国民政府教育部和内政部会令各省教育厅、民政厅查禁女子束胸；1932年至1939年，上海《申报》邀请香港大学医学学士吴大超、医学博士姚崇培发表《新时代女性乳房对女性健美的意义》。❸上海、广州、天津等大都市的女性逐渐摒弃束缚女性自然美的"小背心"和"小衬衫"，开始更加注重自己胸部的正常生长和发展，以凸显女性独特的魅力和气质。当时最具有国际代表性的社会公众人物阮玲玉，最先选择了一个凸显中国妇女胸部美的舶来品——义乳。义乳也就是乳罩，西式乳罩既可以为整个人体的乳房提供强有力的支撑，凸显胸部的形态，又不会严重地压迫胸部，与现代意义的西方文胸有很大的相似之处。义乳给妇女身体的自由解放运动方面注入了一股崭新的生命活力，并通过各种报刊广告宣传，在潜移默

❶ 段杏元，王业宏. 从民国内衣文化现象看中国女性身体的解放［J］. 武汉纺织大学学报，2015（1）：51-54.
❷ 图片来源：薛理勇. 消逝的上海风景［M］. 福州：福建美术出版社，2006：89.
❸ 刘正刚，曾繁花. 解放乳房的艰难：民国时期"天乳运动"探析［J］. 妇女研究论丛，2010（5）：66-72.

化中影响着中国女性传统的思想观念，塑造着新女性的角色。人们开始不断地适应和接受女性的全新形象，甚至开始模仿。义乳的引进及使用，彻底颠覆了中国女性内衣穿着方式及人体观念，使女性身体的自由及女性美的观念向前迈进了一大步。

废缠足后，一向"门不两"的女性开始行动了。她们有机会走出家门，关注外面的世界。由于胸部得到解放，女性呼吸顺畅、血液通畅，自然神清气爽，女性的审美随着社会的变化逐渐发生了变化，身体挣脱了封建束缚，"健康美"的女性形象开始进入社会公共空间。

二、女子教育的发展

20世纪初，上海先后创办了一些女子学校，如吴馨创办了务本女子学校，这是上海第一所由中国人创办的女子学校；蔡元培和蒋观云创办了爱国女子学校，杨白民创办了城东女子学校。之后，全国各地开始建立女子学校，女子教育的概念开始深深扎根于人民的心中。❶在这些学校中，上海的务本女子学校影响最大，办学时间最长。学校开设的课程包括语文、数学、历史、英语、艺术、体育等，其学生之后还参与过支持国货的服装表演活动。爱国女学是一所具有现代转向标志的女子学校，学校明确其办学特色，表示不再以贤妻良母型的传统观念作为教学基础，而以加强女性的道德、智力和身体发展，培养爱国学生为目标，为女性从家庭向社会的转变提供了强大的思想动力。

从辛亥革命到五四新文化运动，妇女革命与爱国主义运动始终相连，强调女权的根本是强国。正是因为这种思想的推动，女权运动才不断兴起。这一时期知识女性的转型不仅表现在思想上，更多的是体现在行动上。首先，女子学校办学数量急剧增加。资料数据显示，1916年全国女中学生人数仅724名，1923年增加到3249名，1925年增加为7956名，增长10倍之多。其次是女性刊物的兴起。1920年开始兴起创办女性刊物的热潮，前期的刊物大部分是给女学生创办的，核心诉求是要求女性解放并与男性平等的思想。1919年12月7日，南京师范学校教务处主任陶行知在第十次会议上提出招收女生。在校长郭秉文、学术督导主任刘伯明、教育厅厅长陆志韦的大力支持下，校务会议决定从1920年暑假开始正式招收女生❷，这样一来，有条件的家庭可以让女生接受教育，寻求经济独立和爱情自由。

---

❶ 陈雁. 近代中国女性教育是如何发展起来的［J］. 人民论坛，2018（8）：142-144.
❷ 龚放. 高等教育现代化进程中的南京大学［J］. 南京大学学报（哲学·人文科学·社会科学版），2002（3）：11-22.

三、"摩登"观念的兴起

时尚文化是以大众传媒为载体和媒介的城市工业社会和消费社会文化形态的产物，通过物质或者非物质的形式来表现这个时期人们的价值取向、社会现象和精神追求，并在一定时间内成为大众所追捧的一种新的生活方式。时尚文化作为社会文化的产物，同时具有社会流行的特征，是社会、经济、文化、艺术等发展趋势的缩影，反映了人们对高质量生活方式和生活概念的向往。人们的精神世界、思想观念、价值体系以及道德情感都不同程度地受到时尚文化的影响。时尚具有娱乐性、大众性、包容性、可变性、商业性等特点，它在很大程度上缓解了人们的各种压力，并被视为人文演变的符号和社会变迁的标志。

"时尚"在某个时期引领形成的一种社会流行风尚与文化现象，就是"时尚潮流"，也是社会文化现象的一种表现。周宪在《世纪之交的文化景观》中以一种颇具学术性的话题和语言阐释了"时尚"："时尚就是在大众内部所产生的一种非常规的行为方式的流行现象。具体来讲，时尚就是泛指一个阶段内相当多的年轻人对特定的兴趣、语言、意识以及行为等各类模型或者标本进行的随从和追求。"❶

"摩登"一词源于英语modern，意为"现代"和"时髦"。20世纪30年代以后，"时髦"逐渐成为"摩登"的常用含义。其实，无论是"时髦"还是"摩登"，都是指时尚流行的东西。时尚的本质在于流行，离开了流行，时尚也不能称为时尚。从现代社会心理学角度来看，它是社会大众在一段时间内所追求的一种新的生活方式。这种新的生活方式无形中形成人与人之间的连锁反应，既包括大众的生活需求，也包括大众的精神需求，映射出一个时代的风尚和社会面貌。

20世纪初期，上海在对外贸易中的重要性更为凸显，成为国内最早接纳、使用和传播西方时尚文化的城市。到了20世纪二三十年代，上海的时尚文化已经达到鼎盛时期。西方的时装成为上海人最喜爱的服装款式，西方时尚风格直接融入上海的服装设计。这一时期，巴黎最新服装款式一传到上海，随后不久就会在大街小巷出现。1934年《社会日报》一篇文章在谈到上海时说："它的血脉和全世界的名城相流通，巴黎的时装，一个月后，就流行在上海的交际场中。"❷这时的上海，对时尚的表达方式已从具有中国传统意味的"时髦"变成了"摩登"。20世纪30年代后，"摩登"一词的使用更加频繁，在报纸杂志上到处都可以看到有关"摩登"的信息。当时，"摩登"就

❶ 马红霞.时尚的社会学研究［D］.兰州：西北师范大学，2005.
❷ 卞向阳.都市情境下的海派文化、生活及设计［J］.装饰，2016（4）：19–23.

代表着时髦的、西方化的、都市化的、有品位的、优雅的女性。在上海的"摩登"生活中,"摩登"女郎穿着光鲜亮丽、精致优美的服装,成了上海时尚生活的标志。好莱坞电影中的洋服、洋伞、呢帽等时尚单品不断涌现,高领、短袄、细腰、长裙成为上海女明星的"摩登"象征。1933年,《玲珑》杂志曾塑造过不同年龄段女性的时尚形象:"凡是年轻或中年,甚至老年的女性,只要烫发、粉脸、红唇、细眉、短袖、短裤、袜子、指甲、高跟鞋,都被称为现代时髦摩登的女性。"❶不少身份、年龄、职业、阶层不同的人都在追求时尚生活方式,这种追求成了上海社会进步的动力之一。

受妇女运动和妇女教育的广泛影响,越来越多的妇女开始工作。在20世纪早期,女性的职业典型代表是商店销售人员、银行职员和服务商业机构(如餐饮和娱乐)的女招待。20世纪20年代初,上海女职员主要是负责向顾客推销商品,但这一时期的女性在工作中缺乏积极性。到了20世纪30年代,许多商业场所开始增加雇佣女员工的数量,上海作为当时全国的政治、金融中心和国际大都市,女职员已经非常普遍。1931年,妇女代表也参加了会议。这一发展是妇女就业的新突破,打破了以前由男性垄断的政府机构。参与这项工作的妇女也努力在竞争中相互帮助。社会的大发展给女性提供了更多的职业,这也推动了女性社会活动的开放性,加速了女性社会思维的独立性。女性社会活动的开放性也在一定程度上加速了现代时尚女性的进步。

第二节　西方服装表演的发展

一、玩偶时代

任何事物的出现都要经过一个漫长的发展过程,而服装表演则来源于"玩偶礼物"的出现。这是14世纪晚期法国宫廷流行的一种时尚,1391年,法国查理六世的妻子、巴伐利亚的伊莎贝拉王后将发明的一种叫作"时尚玩偶"的礼物送给英国的安妮王后。❷这款时尚玩偶由木头和黏土制成,与真人大小相似,伊莎贝拉为玩偶穿上了新的宫廷时装,非常时尚漂亮,它已经与时装店里展示的现代人体模型有些相似,但玩偶用于宫廷贵族娱乐和时尚传播,而时装店里展示的人体模型有商业促销作用。

---

❶ 高正. 20世纪初西方设计风格在中国的传播和转化 [J]. 郑州大学学报(哲学社会科学版), 2017, 50(3): 149–153.

❷ 肖彬, 张舰. 服装表演概论 [M]. 北京: 中国纺织出版社, 2010.

400多年来，时尚玩偶在欧洲流行，逐渐成为礼仪习俗和宫廷之间的馈赠礼品，当时欧洲贵族的服饰信息主要依靠时尚玩偶传播，巴黎服饰通过时尚玩偶传播到各国，从而在欧洲流行起来。许多国家模仿法国宫廷，将互赠玩偶作为时髦的标志。即使在战争期间，互赠玩偶礼物也没有停止，可见时尚玩偶的魅力之大，这种礼物也被称为"玩偶模特"。

16世纪，时尚玩偶开始被用于商业交流和商品促销，一位来自凡尔赛的法国设计师首先在商业活动中使用人造人体模型，有时会将人造人体模型连同服装一起送去给高级顾客以此宣传他的作品。在法国路易十六时期，一位巴黎的服装设计师，用小的时尚玩偶来订购，把笨重的大型人体模型变成时装娃娃，从巴黎运送到欧洲各国首都。因为运送便利，所以广为流传。用玩偶模特进行商品展示的方法在欧洲很快就流行了，1896年，英国伦敦的第一场玩偶时装秀大获成功，新闻界争相报道。❶

19世纪，"时尚玩偶"来到美洲，将欧洲的时尚风格带给在美国的欧洲移民。血缘和传统的影响让这些移民对巴黎和伦敦的时尚感到友好和亲切，同时也刺激了美国时尚产业的发展。1892年创刊的著名杂志《时尚》，于1896年在纽约举办了玩偶时装表演，参加人数高达1000多人，其中包括63位社会名流。

目前，无论是商店还是时装展销会、展览会，都还在使用着这样栩栩如生的人体模型，可见其不可替代的作用和魅力。

二、沃斯时代——开启真人服装表演

时尚玩偶能展示服装的立体效果，是服装界的一大创举，但与真人表演相比，还是缺少了动感和表现力。1845年，一位开创法国高级时装的英国人查尔斯·弗雷特克·沃斯（Charies Ferderick Worth）第一次使用真人模特进行商业展示，是现代服装表演的奠基人。❷沃斯让漂亮的法国女士玛丽·韦尔娜披着披肩在顾客面前展示，这一举动开创了真人服装表演的先河。玛丽·韦尔娜不仅成了世界上第一位真人模特，也是后来的沃斯夫人。沃斯时代的到来，标志着真人服装表演时代的开启，之后在沃斯创办的高级成衣店经常采用真人服装表演的形式，不仅让生意更加红火，同时成就了沃斯的事业发展和模特队伍的扩大。随着需求的增长，他又雇用了几位年轻漂亮的女性，组成服装表演队专门从事服装展示工作，这支表演队就是世界上第一支服装表演队。真人模特的出现为服装表演事业开辟了一条新路，开启了服装表演的历史性一页。

---

❶ 董军浪. 服装表演的起源与演变［J］. 纺织高校基础科学学报，2010，23（1）：117–122，125.

❷ 张春燕. 模特造型与训练［M］. 北京：中国纺织出版社，2007.

从19世纪末到20世纪初，整个世界发生了巨大的变化，科技成果层出不穷。火车、汽车、电报、电话、电影的发明使信息传递极快，现代主义艺术脱颖而出，突破了传统审美观念的束缚。

1900年，巴黎时装协会主席帕尔钦夫人在巴黎举办了一场大型服装展览，并创造了表演舞台，是舞台型服装表演的先河。❶1908年，著名的女装设计师露西·达夫·戈登夫人（Lucy Duff Gordon）在伦敦的汉诺佛广场举办了女士套装展示会，这是英国第一次真正意义上的时装表演，也是真正具有规模的时装表演。据记载，当时在演出前安排了专门负责迎接顾客的人员，并发放一份详细的节目单，模特在乐队演奏的乐曲声中先后出场。这之后的时装表演开始朝着艺术性和欣赏性的方向发展。同年，在美国费城举办了大型时装秀，一个大型平台被昂贵的绿色观赏植物包围，有专门迎接顾客的人员，并分发详细的节目单，节目列表中可见每个模特的名字和出场顺序，模特在乐队的音乐中展示服装。1914年8月18日，芝加哥服装制造商协会主办了一场服装展示会，这场展示会号称世界上最大型的服装表演。参加这次展示会的人员有5000多名，模特人数多达100名，展示的各式新款服装达250套，整个活动被拍成了电影，这使更多的人能够在当地的剧院里观赏这次盛况，而且表演的舞台设计得非常大。除此之外，还有一条一直延伸到观众席的通道，据说这是最初T型台的雏形。❷T型台可以让观众看到服装款式的详细结构、配色和面料质感，这个创意沿用至今。1914年11月4日，《时尚》（VOGUE）杂志召集了一些社会名流，赞助了名为"纽约时装节"的展览❸，收入作为福利捐给了慈善委员会；这次活动标志着服装表演已经成为大众娱乐的一种新形式。

20世纪初，服装表演形式经历了玩偶表演、真人表演、舞台表演、T台表演，在欧洲的各个国家确立了一定的地位，受到了社会各界的关注和认可，并且传播到东南亚等地，服装表演开始蓬勃发展。❹平面摄影模特出现在20世纪20年代，巴黎《时尚》的编辑，将走台模特的照片刊登到杂志上。随着时尚摄影的蓬勃发展，对模特的需求开始增长。1928年，约翰·罗伯特·鲍尔斯（John Robert Powers）创立了美国第一家模特管理和经纪公司。紧随其后的是一些专门从事服装表演制作的专业制作人和其他一些模特经纪公司，服装模特行业正在成长和成熟。20世纪20到30年代，欧洲服装表演随着服装业的发展而繁荣。法国著名服装设计师让·帕图（Jean Patou）首先着眼

---

❶ 高杰. 时装发布会与时尚文化传播的研究［D］. 北京：北京服装学院，2013.
❷ 埃弗雷特. 服装表演导航［M］. 北京：中国纺织出版社，2003.
❸ 沈奕君，梁惠娥. 当代服装表演的戏剧化趋势［J］. 服装学报，2016，1（3）：313-317.
❹ 林鑫. 优化服装模特表演的视觉形态研究［D］. 天津：天津工业大学，2012.

于模特的专业文化素质和品位，聘请了一批高素质的女孩到巴黎的时尚沙龙进行表演，让模特在高端场所进行表演。

1937年，美国的E.Hawes小姐首次在女装表演的同时推出男装表演，增加了男性的力量。1938年，模特哈里·科诺弗（Hary Konover）建立了自己的模特经纪公司，实行担保人制度，向模特支付固定工资和表演报酬，使模特职业更加稳定。1946年，艾琳·福特（Eileen Ford）创立了福特模特公司（Ford Models），福特早期的模特占据了20世纪中期各大时尚杂志的彩页及封面，公司制订的一些行业规范至今仍在使用，包括模型培训和培训程序等。

随着时尚产业的发展，对专业模特的需求迫在眉睫。1957年，美国模特多里·安利（Dorian Leigh）在巴黎开设了第一家欧洲模特经纪公司，聘请专人进行形象设计，各种事务由经纪公司进行和监督，使模特们能够将更多的精力投入专业培训中。从那以后，欧洲很多国家出现了这样的商业公司。

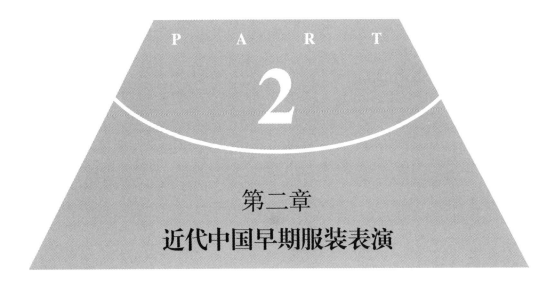

第二章
近代中国早期服装表演

20世纪初期，西方思想与文化的传入使当时的中国逐渐开放和富有朝气，尤其表现在服饰美、形体美方面的思想进步。五四运动冲击了旧封建家庭的模式，让女性走出家庭枷锁，呼吸到了外界新鲜的气息，为女性美在中国的传播奠定了时代条件。随着社会风气的逐渐开放，服装业不断发展，中国的服装表演也应运而生。

第一节　中国服装表演的开端

中国第一次服装表演有文献查证的是1926年12月由上海联青社在夏令配克戏院主办的"时装表现游艺大会"。这是中国最早的时装表演（图2-1），是上海联青社为筹集经费创设婴儿诊所而举办的慈善时装表演。上海联青社是留美学生回国后组织的社团，于1924年底在上海成立，是当时总部设在美国的世界联青社的分社，以"服务社会、发展工商业、增进国际亲善、辅助公共建设"为宗旨。联青社举办这次时装表演会的当天阴雨绵绵，但到场的观众却有2000人之多，有不少观众因为没有座位而站着观看完演出。表演人员由社员的妻女担任，包括当时的上海时装会会员范文照夫人、劳兆祺夫人、唐瑛女士、虞澹涵女士、孙静诒女士、谈玲君女士等。

这次活动早在正式举行前便进行了预告。11月22日，《申报》在这次服装表演的预告中明确写道："为筹集儿童施诊所经费起见，闻将于下月初借座夏令配克大戏院举行大规模之游艺会，时装表演由社员眷属及闺秀名媛担任之，新式服装，旧时衣

图2-1 上海联青社之时装表演❶

裳，自春徂冬，四季咸备，新奇别致，饶有兴趣，为沪上破天荒之表演。""时装表演之目的，乃引起一般人士对于服装式样之兴趣，加以研究，任意抉择，以增进美术观念焉。盖寓艺术于游戏也。定其事者为干夫人，唐绍仪先生之女公子也。"❷从这两段文字大致了解到，服装表演这种形式在当时被称为"时装表现会"，是游艺会中的一个环节。这场服装表演并不是单纯的服装表演，而是一场慈善募捐性质的演出，是上海第一次服装表演活动，也称为"破天荒"的表演，展示的服装包括一年四季的款式类型。《申报》在1926年12月14日第十一版的一篇《联青社游艺会预志：最出色之一种游艺——时装表演》中报道："时装表演，非虚荣心之表现也，亦非鼓励奢靡也，盖服装与吾人之关系至密至切，而欲其适合各个人之体裁，不悖于美之真义，则服装式款，与其颜色之配合，气候之转换，必有相当研究方可能之。而欲吾人乐愿研究之，则对于服装之兴趣，必先有以引起之，此时装表演之由来也。质言之，时装表演之目的有二，一为寓美术教育于游戏。又其一，则为表现服装料作之如何可以充分利用。世有华丽绝伦之绸缎，及制成服装，不仅减损美观，且予人以笑柄者矣。此固事实，非予之妄言也。"从这段文字可以看出服装表演的意义以及受欢迎的程度。之后，联青社紧接着组织了第二场服装表演。《申报》1926年12月18日《联青社游艺会续记》报道称："各衣原料均系永安、先施、福利、惠罗及老介福等公司所供献""皆缝制精良，式样新颖""除两种为纯然中国服装外，其余颇近欧化""戏服全服、跳舞服、夏服、晚礼服等十四种"。❸从这段文字可以看出这次表演的时装原料为上海永安、先施、福利、惠罗、老介福等出售时装衣料的百货公司及面料公司提供。制作精美、式样新颖，除两种是传统中式服装外，其余的服装大多为洋装或有明显的中西结合服饰。演出的风格和款式更是丰富，包括四季的晨晚礼服及便服，服装名称多借鉴当时英法新装束的名称。第二场服装表演已经具有了现代服装表演的雏形，并具备了

❶ 图片来源：佚名.上海联青社之时装表演［J］.华侨努力周报，1927（8）：7.
❷ 周松芳.霓裳羽衣：中国首次时装表演［J］.档案春秋，2013（10）：43-45.
❸ 佚名.一个世纪前的中国时尚［J］.国学，2015，000（11）：70-71.

一定的商业价值（图2-2）。

在南卡罗来纳大学影像库收藏的20世纪20年代拍摄的时装秀影像中，根据人物判断确实是中国1926年的"时装表现游艺大会"，视频中的主持人叫温施惠珍。这个名字曾出现在2018年，为了纪念宋庆龄125周年诞辰举办的"宋氏三姐妹及家族成员旗袍展"中，她是宋美龄在美国读书时候的闺蜜，宋美龄大婚的时候她还做了女傧相。视频中有一位女士叫萧宝莲，因她的丈夫是上海著名建筑设计师范文照，因此她被称为"范夫人"；另一位女士是服装表演的主要组织者甘夫人，甘夫人本名唐宝玫，她的丈夫名为甘鉴光，所以她被称为"甘夫人"，也就是报道提及的"干夫人"。因报道称表演为晚上，那么这个视频拍摄地并非表演现场，而更像是一种宣传、彩排或是首次时装秀的预告。

图2-2　联青社时装大会报道❶

即使从现代的审美视角看，20世纪20年代的时装秀，从服装到发饰都是精彩与摩登的，更为难得的是，这些新时代女性并没有全盘复制欧美，不管是标志性的长眉入鬓，还是改良过的波波头，或是配着发型的"耳环子、铜纽子"，都是浓浓的中国风格。最令人赞许的，是她们在表演时装时，充满了对于自己"中国样子"的自信。

第二节　公益与文化宣传类服装表演

上海是中国首个举办时装表演的城市，也是20世纪初期中国举办时装表演最多的城市，且完全不逊于同时期其他国家的时装表演。1927~1937年也是中国早期时装表演的黄金十年。时装表演由最初的慈善义演，发展到以时尚女装公司的流行发布演出为主的各类多样化并且有一定交叉性的形式，这些特点在当下的服装表演秀场中仍然存在，但大多是商业的服装表演形式，这与市场经济的发展有关。早期服装表演的公益性更为突出，这与20世纪初期特定的历史背景有关。

---

❶ 图片来源：佚名. 联青社时装大会记［J］. 上海画报，1926（184）：2.

一、公益筹款

由于20世纪初期的中国是一个特殊的历史动荡时期，大多数人都在为解决温饱和疾病而挣扎。一些公益社团计划举办慈善演出来筹集捐款，帮助减少一些社会问题。服装表演既能让组织活动的名媛参与表演，又能融合其他表演的多样性，吸引观众。服装表演以募捐为目的，拓展了对于社会和公益性事业融资的途径和渠道，扩大了其救助经费，增强了社会各界人士的公益意识，成为当时社会和公益性事业中的一道独特风景。参加公益服装表演的女性，大多数有较高的审美意识以及服务社会公益事业的热情，也反映了思想解放后的女性突破"三从四德"的观念，不断拓展思维，追求创新，提升了女性的社会地位。

在本章第一节中介绍的1926年夏令配克戏院主办的"时装表现游艺大会"便是一次典型的公益性服装表演。这场服装表演是为儿童诊所筹款、帮助贫困儿童所举办的活动，入场费3块银元，并有某化妆品公司闻讯而来捐款。

1930年，天津辽灾筹赈会也在西湖饭店举行过一场时装跳舞大会（图2-3），交际界名媛身着自制的国货时装表演跳舞，并设比赛以增兴趣，招揽观众筹集善款。

图2-3　参加天津辽灾筹赈会国货时装表演的王涵芳女士❶

1931年，中华妇女会在大华饭店举行了一场盛大的跳舞会，目的是为筹措办义务学校的经费。因为事关慈善，到场者众多，许多上海名媛和西方宾客纷纷前来捧场。新婚后的唐瑛女士久未露面于社交场合，但听闻此次慈善表演，也盛装而来以表支持。

---

❶ 图片来源：汪松年. 参加天津辽灾筹赈会国货时装表演王涵芳女士［J］. 时事新画，1930（19）：1.

1936年12月12日，天津妇女慈善游艺会时装表演在西湖饭店举行（图2-4）。

1938年，中国妇女慰劳会香港分会为筹款救助冬季伤病难民，于10月7日在香港大酒店举行跳舞筹赈大会，其中尤以香港妇女界名媛闺秀的"服装表演"环节最受各界欢迎。欣赏名媛们为国效力之后，人们纷纷发出了"中国是有办法的"这样的赞许。

1946年，因北平市贫民衣食无着，北平妇女促进会于12月14日晚在北京饭店举行了一场声势浩大的冬赈游艺会。当晚，北京饭店门前车水马龙，室内座无隙地。节目内容丰富，有舞剑、戏曲舞蹈和服装展演等，其中以34位名媛表演的"历代服装表演"最受欢迎（图2-5），演出完毕后众人纷纷慷慨解囊，赈灾演出取得了巨大成功。

图2-4　天津妇女慈善游艺会时装表演之闺秀❶

图2-5　北平妇女历代"服装表演"❷

公益性服装表演是在当时的环境下出现的一种特殊的服装表演，反映了当时社会局势动荡不安的情况；常以多样化的服装，通过闺秀、名媛、贵妇的参与来吸引社会

---

❶ 图片来源：天津妇女慈善游艺会时装表演之闺秀［J］. 北洋画报，1936（1491）：2.
❷ 图片来源：北平妇女历代服装表演［J］. 艺文画报，1947（7）：25-26.

各界人士参与到筹赈活动中，以筹得善款从而解决贫民温饱或营造福利机构。公益性的服装表演活动在一定程度上可以帮助缓解社会矛盾，这对于推动社会进步、时代发展是很有意义的。同时，它为社会上的进步女性提供了展现自我的平台和为社会做贡献的机会，展现了女性的社会作用。

二、文化宣传

服装随人类社会发展而变化，体现不同时代人们的生活方式，虽然只是日常生活用品，但也有文化、艺术的成分在上面，是人文思想的反映。这些不以营利为目的公益文化宣传性活动，在某种程度上也可说是服装文化、艺术思想的传播与交流。

1928年1月11日晚，万国美术社在北平协和大礼堂发起了一场"古今妇女服装表演会"，由社交明星扮明清及近代装束进行表演（图2-6）。表演者身穿不同时代的服装，在舞台布景下饰演角色，最后全体登场谢幕，穿古装者与穿时装者分立舞台两侧，形成鲜明对照。这场服装表演会展示了中国由古至今不同时代的妇女服装及其演变历程，并将古装与时装同台展示进行比较，让观众对古装与新装在形制、用料等方面的区别一目了然，对于向民众传播服饰文化十分有益。[1]

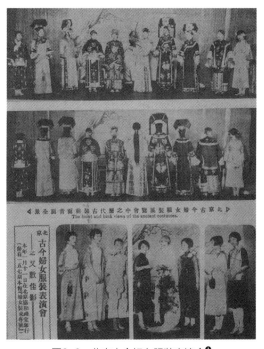

图2-6　北京古今妇女服装表演会[1]

---

[1]　图片来源：佚名. 北京古今妇女服装表演会之又数佳影［J］. 北洋画报，1928（167）：1.

1928年，北平女青年会举行灵修会中贝满女中学生表演世界各宗教服装。[1]从文化交流的角度来看，这场表演让中国民众直观地了解世界各地的宗教文化（图2-7）。

图2-7 北平女青年会举行灵修会中贝满女中学生表演世界各宗教服装[2]

1929年1月17日，在天津利顺德饭店内举行的服装跳舞大会有日、德、英、美和我国等多个国家参与，各国妇女皆身着本国各时期服装依次登台。[3]展示各国之时髦服装。这次时装大会让观众了解外国服装文化，同时也将本国服装文化向外国同胞进行了展示（图2-8）。

图2-8 天津利顺德饭店之服装跳舞大会各界名媛服装表演[4]

1930年，北平女青年会于11月18日、19日在东城协和礼堂举行明、清、民国三时代时装表演会，这是一次文化传播性的服装表演。名媛身着明、清及民国三时代的各

❶ 董军浪. 服装表演的起源与演变 [J]. 纺织高校基础科学学报, 2010, 23 (1): 117-122, 125.
❷ 图片来源: 蒋汉澄. 北平女青年会举行灵修会中贝满女中学生表演世界各宗教服装 [J]. 北洋画报, 1928 (250): 1.
❸ 江沛, 耿科研.民国时期天津租界外侨精英社团——扶轮社述论 [J]. 历史教学: 高校版, 2013 (6): 3-11.
❹ 图片来源: 鼎章. 一月十七日天津利顺德饭店之服装跳舞大会各界名媛表演唐宋元明清历代装束 [J]. 新加坡画报, 1929 (31): 13.

类服装及礼服，最后全体在台前列队游行，蔚为壮观（图2-9）。这场服装表演全面地向观众展示了中国古今服装文化，让观众对中国服装文化了解更全面、更深入。

图2-9　北平女青年会举行三时代之时装表演会❶

1931年，圣玛利亚女校在其50周年纪念会上，学生表演了50年前即上海自有女校之初的女学生装束，与当时的服装迥然不同。这样的服装表演让观众了解前人的生活方式及服装样貌，将历史、人文知识传播给大众，令观众颇为赞赏。

1937年，妇女服装研究家程枕霞所制的历代妇女名服饰及蜡像先在北平中南海怀仁堂进行了预展，次年赴德国进行展出。我国的历代妇女服装文化便通过这样的方式传播到了西方国家。服装表演在对外文化交流方面也起到了不可替代的作用，让不同国家间的文化产生交流，对于促进服装及人类文化发展有很大意义。

1948年，在广州胜利大厦举行的音乐晚会，岭南大学女生演绎了历代妇女名流服装表演（图2-10）。

文化性服装表演通常在活动中展示不同时代、不同地域的服装，也可以展示多种不同类型的服装，具有历史性、专业性及文化传播

图2-10　历代妇女名流服装表演❷

❶ 图片来源：魏守忠. 北平女青年会于十一月十八九两日假东城协和礼堂举行明清民国三时代之时装表演会［J］. 时事新画，1930（16）.

❷ 图片来源：佚名. 音乐晚会，历代妇女名流服装表演：岭南大学女生参加表演［J］. 时代妇女（广州），1948（7）.

性。服装表演提供了向社会群众传播服装文化的平台，对于促进服装和中国服饰文化发展有重要的意义。

第三节　商业推广类服装表演

一、时装公司的服装表演

时装公司的服装表演以展示、销售时装及提升公司声誉为目的，因而在服装设计、制板、工艺等方面上极为考究，其中以鸿翔、云裳等时装公司的时装营销最为突出，能够生动展示当时中国时装的风貌。

（一）云裳时装公司

云裳时装公司于1927年10月10日正式成立，是专门经营妇女流行服装的时装店，"创办者为唐瑛、陆小曼，与徐志摩、宋春舫、江小鹣、张宇九（为张幼仪的弟弟）、张景秋诸君子。""钱须弥、严独鹤、陈小蝶、蒋保厘、郑耀南、张珍侯诸子，亦附股作小股东。"❶云裳时装公司的创建者是当时上海交际界名媛与文化、艺术界名人。云裳时装公司创建后不久被张幼仪女士接管，在1932年又由谭雅声夫人、甘金荣女士管理。云裳时装公司不仅是20世纪20年代唯一一家由名媛和艺术家共同创办的时尚公司，也是第一家以女性时尚为特色的时装公司。凭借流行的时尚设计理念和广告营销手段，成为当时上海流行的时装品牌，对现代中国女装行业的发展起到了一定的推动作用。

1. 服装广告

为提高公司知名度，增强消费者购买欲望，云裳时装公司聘请叶浅予、张振宇等艺术家为其设计服装，并在《上海漫画》投放广告，突出"艺术新装"的经营理念，无论是服装设计还是广告设计，都具有现代特色。自开业以来，云裳时装公司广告就不断地出现在各大期刊和报纸上，是出镜率最高的服装广告，其成立之初定位为"中国第一家女装公司""中国唯一女装公司"，而后宣传的是专业创新性，宣传其创意新颖以及款式时髦等（图2-11），这些广告创意配合文案宣传，形式各样。云裳时装公司的广告营销模式一定程度上带动了上海服装业的发展，其他服装公司的广告也相继出现。

---

❶ 胡一琳.《上海漫画》与云裳公司的时装广告［J］. 文化创新比较研究, 2018, 2（21）: 60-61.

2. 云裳服装表演

云裳时装公司每到有新款推向市场时，首先进行预告和推广，如刊登新装的试装照片等（图2-12）；还会在店内召开新装发布会，邀请各界知名人士前来观看，如1927年8月，云裳时装公司举办的服装表演活动影响广泛，表演的参与者都是上海名媛，展示的服装是流行的新式时装，没有舞蹈服及戏服的掺入。在表演活动中，唐瑛介绍并派发云裳时装公司的香水卡片，8位模特登台表演。1927年8月10日的《申报》也以"云想衣裳记"为题，宣传云裳时装公司的开业，提及开业当天会有打折，并且有很多名媛已经订制了服装，还会有三天的服装展示活动等。此后，云裳时装公司又多次参与或举办服装表演活动，善于利用各种社会平台推广品牌，如参与1927年9月举办的汽车与时装展览会中出现了6位身着云裳所制旗袍的女性为公司宣传。❶（图2-13）很快，云裳时装也流行到了北京和天津等地，成为时尚女性的装扮。

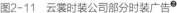

图2-11 云裳时装公司部分时装广告❷

图2-12 云裳时装公司新装预告❸

图2-13 汽车展览会中之云裳时装公司之新装表现❹

❶ 吕国财. 云裳时装公司——民国上海首家女子时装店 [J]. 设计艺术（山东工艺美术学院学报），2015（5）：70-74.
❷ 图片来源：叶浅予. 云裳公司新装 [J]. 上海漫画，1929（54、81、88、93）.
❸ 图片来源：雅秋五娘试衣新影 [J]. 上海漫画，1928（312）：2.
❹ 图片来源：梅生. 汽车展览会中之云裳公司之新装表现 [J]. 上海画报，1927（292）.

1929年，云裳时装公司开业三周年之际，联合惠罗百货公司举行了时装表演。表演展示了数十套春夏新装，由云裳时装公司设计剪裁，惠罗公司提供衣料，"由中西名姝登台表演"。表演设在上海南京路13号惠罗公司二楼，从3月18日到23日，每日下午举行。表演场内灯光由德商礼和洋行光学部配置，同时展示了以人造丝闻名的英国"特里科林"厂当年所有新出面料。

云裳时装公司还给予比赛赞助新式服装，承接1927年"上海妇女慰劳北伐前敌兵士会表演"的演出服装设计和表演工作，参与1927年在上海辣菲德路与亚尔培路转角处举办的"英美汽车与巴黎时装展览会"，并赞助1927年"天马第八届展览会"游艺会，以增加知名度。云裳时装公司也会通过为社会知名人士制作和赠送时装的方式提升影响力。1928年上海安乐宫舞厅举办上海舞后选举大会，舞后冠军获赠的价值约四百金花式精美绝伦的舞衣，也是由云裳设计师江小鹣设计制作的。这件当时号称"最精美之舞衣"的时装，可谓时尚女装中的高精定制精品。此外，云裳时装公司在1930年10月设计制作长旗袍，支持国货时装展览。

云裳时装公司积极利用公司创始人的影响力广泛参与社会公益活动，不仅为公司树立了良好的口碑，也进一步提升了公司的品牌知名度。云裳时装公司虽然开业才五六年，却引导中国时尚产业进入了历史发展的新阶段，改变了人们的审美观念，进一步推动了女性权利意识和女性独立精神。

（二）鸿翔时装公司

"鸿翔"是上海第一家时装公司，创始人是金鸿翔兄弟，而鸿翔时装之所以能成为20世纪初中国服装界第一品牌，不仅在于金鸿翔对时尚设计和制作的高要求，还在于他在品牌宣传和保护上的前卫意识。例如，在制作服装的时候，他在服装主要部位和都贴上了"鸿翔"的商标。1933年，芝加哥世博会开幕，"鸿翔"时装为参加世博会专门设计制作了六套改良旗袍，获得"银奖"。这不仅是中国制造的女性时装首次在世博会上获得大奖，也标志着中国女性时尚开始进入国际时尚舞台。

1. 鸿翔时装表演

1927年，鸿翔时装公司在卡尔登饭店举办了一场服装表演，在这之前，卡尔登饭店一年一度的服装表演只限定于西方人参加。这次邀请了包括电影明星在内的中西方女士作为模特，"表演节目共计十种，华人黄慧娴女士表演绿丝绒茶客衣及绿丝绒披肩；汤让蕙女士表演黑纱丝绒舞衣、黑丝绒披肩。西方人卡尔登女士表演粉红金钻晚衣、粉红白狐领开披；辣米根女士表演黑白金线绣花衣、黑白金线开披；福森女士表

演白丝乃脱与银料晚衣及白绒、白狐领开披。"❶

《上海漫画》第10期，介绍了1928年6月在上海举办的卡尔登时装竞赛歌舞大会在，聘请摄影师左赓生拍摄了照片并发表了一系列时装图片（图2-14），并有一篇文章介绍歌舞大会服装为鸿翔公司所作。❷优质的材质全是用纱制作，风格各异，所以展现出女性优美的身姿。这些图片展示了鸿翔制作各种西式服装的能力以及对西方时尚潮流的把握和体现，同时注重利用演出平台对鸿翔公司服装进行宣传推广，在无形中启发人们的审美，更好地促进了公司的发展。

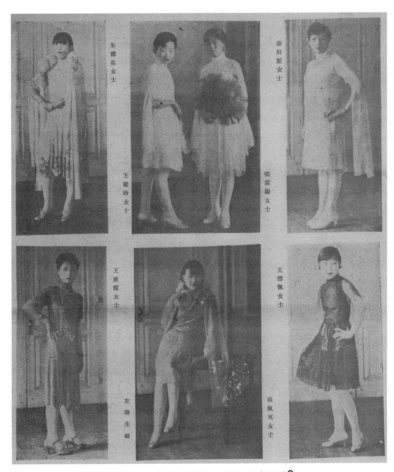

图2-14 卡尔登时装竞赛歌舞大会照片❸

1930年，鸿翔时装公司金鸿翔先生、金仪翔先生负责为国货时装展览监制、创样

---

❶ 许沁. 回春（外一篇）[J]. 翠苑，2018（1）：71-77.

❷ 龚建培. 图像 "更衣记" ——《上海漫画》中服饰图像的叙事解读（1928—1930）[J]. 服饰导刊，2019，8（2）：18-26.

❸ 图片来源：左赓生. 卡尔登时装竞赛歌舞大会中时装之一班 [J]. 上海漫画，1928（10）：5.

表演时装（图2-15）。1933年10月14日下午4时，为发扬国艺和提倡使用国产面料，鸿翔公司在开业17周年之际，举办了"秋季中西时装表演大会"。表演者包括胡蝶、黄白英、谈瑛、牛素娟等上海明星，并有4位西方模特同时演出，依次展示各种礼服和秋冬大衣。数千人济济一堂观看表演。此外，鸿翔时装公司还派发周年打折券、接受时装表演中展示的服装预定，当日预定时装者就大有其人，很好地促进了时装的销售。

图2-15　鸿翔公司时装表演之全体仕女❶

1934年11月27日和29日，鸿翔时装公司分别在百乐门舞厅举办了"明星名媛时装表演大会"，其中27日由名媛参与表演（图2-16），29日由明星参与表演（图2-17），表演所得收入捐助给当时的上海吴兴福音医院。❷

图2-16　参加百乐门大饭店1934年11月27日时装表演的上海名媛（从右到左）宋静宜、刘秀峰、李玛琍、陈瑞芩、曾文姬、梁丽芳、古金莲、张淑芬、古雪梅❸

❶ 图片来源：佚名. 时装展览［J］. 时代，1930（12）：11.
❷ 张文佳. 20世纪上半叶的"鸿翔"及上海时装业的特征分析［D］. 上海：东华大学，2013.
❸ 图片来源：王开. 十一月廿七日百乐门大饭店时装表演名媛［J］. 中华（上海），1935（31）：15.

图2-17　参加百乐门大饭店 1934 年 11月29日时装表演的部分明星❶

　　1946年，上海举办了上海小姐选举的活动，为苏北难民筹集救济。这场声势浩大的表演不仅聚集了当时上海最受欢迎的著名演员，还规定每个参赛选手都必须穿旗袍表演。金鸿祥先生出资赞助，帮助所有选手量身定制不同的旗袍。上海小姐的活动自然成为"鸿翔"时装的特别时装秀，让"鸿翔"女装成为都市女性的首选品牌。

　　2. 名人效应

　　20世纪30年代，上海众多的电影明星多是鸿翔时装公司的常客，对鸿翔非常钟爱和信任，而鸿翔则熟知她们的身材尺寸和着装风格，甚至不需他们亲自前来就可设计制作出精美的时装。1933年，影星胡蝶当选为"电影皇后"并举行加冕典礼，她首先选择去鸿翔时装公司定制一套白纱礼服，金鸿翔先生在为胡蝶制作完成白纱礼服之后，亲自前往大泸舞厅将礼服交到胡蝶手中。而胡蝶身着白纱礼服在舞厅出场时，在场嘉宾更为其所着的白纱礼服赞不绝口，金鸿翔先生也利用了此次名流汇聚的机会，将礼服赠予胡蝶女士。自此，胡蝶大多数的服装则均由鸿翔时装公司制作，成为鸿翔时装公司的代言人（图2-18）。1935年11月，金鸿翔制作了一套绣有一百只形态各异的白色蝴蝶的结婚礼服，并将其赠予胡蝶女士。胡蝶女士身着这套结婚礼服出现时，轰动了在场所有的宾客，于是胡蝶所穿的"百蝶裙"风靡了整个上海。1935年胡蝶代表中国参加莫斯科电影节并前往欧洲六国进行交流，鸿翔时装公司专门为其提供时

❶ 图片来源：佚名. 上海百乐门饭店举行时装展览会之明星组：顾兰君，严月娴，胡蝶，宣景琳，徐琴芳，顾梅君［J］.健康生活，1935（4）：1.

装，胡蝶身穿这些为她量身定制的时装，风姿绰约，雍容华贵，为中国的时装创造了一个世界的舞台，向世界展示来自中国的"时装"。❶

图2-18　胡蝶女士的春季新装束：鸿翔公司设计制造❷

　　鸿翔时装在当时是众所周知的，宋庆龄也经常光顾鸿翔定制服装。1934年，金鸿祥为宋庆龄做了一套中西结合的服装。在服装的工艺上，既包含绲、荡、雕、缕、镶、嵌、绣等特色手法，又融合了中国特色女装的传统民族元素和现代时尚特征。宋庆龄不仅喜爱这套服装，还高度评价金鸿翔为中国女性时尚的改革创新，并写下了"推陈出新、妙手天成；国货精华、经济干城"赠予"鸿翔"，以示赞赏。金鸿翔多次为宋氏三姐妹定制诸多的、适合各种场合穿着的服装。

　　1946年，英国女王伊丽莎白即将举行婚礼，需要婚庆服装。英女王通过英国领事馆将自己所需要的服装资料交到了金鸿翔的手中。金鸿翔制作了几套精美、漂亮的中式绣花礼服，深受英女王伊丽莎白的喜爱。为此，她还亲笔署名并将印有"白金汉宫"字样的谢帖送给了金鸿翔。金鸿翔将礼服进行了复制，连同谢帖一同陈列于大橱

❶ 李昭庆.老上海时装研究（1910—1940）[D].上海：上海戏剧学院，2015.

❷ 图片来源：佚名.胡蝶女士的春季新装束：鸿翔公司设计制造[J].美术杂志，1934（2）：57.

窗内，作为商业宣传。"鸿翔"服装声名远播，驰名海外。至今，"鸿翔"在海外华人心中的地位依然不可撼动。

二、百货公司服装表演

百货公司是20世纪初期中国服装表演业的重要推动力量，由百货公司主办的服装表演约占这一时期服装表演活动总数的五分之一，活动举办时间长且社会影响力大。此外，举办服装表演的百货公司包括国人开设的先施公司、永安公司以及英商开设的惠罗公司等，这个时期的百货公司服装表演取得了良好的市场效果。

《上海漫画》在1929年4月第50期上刊登了英资百货公司——惠罗公司举办服装表演的照片。惠罗公司联合利华肥皂公司于1935年5月2日至8日每天下午举行时装表演，"丽姝款步而出、身衣新颖时装、表演各种姿势、观众拥挤、异口赞美。"当时上海像惠罗这样的外商百货公司还有几家，但均不销售国货。

先施百货公司是上海第一家大型百货，1917年开业，打造的是欧式风格外观，在先施购物成为当时上海时髦青年的主要休闲活动。先施百货公司打破先例招聘女营业员，最初被安排在化妆品的岗位上，并且开创了化妆品试用的先河。先施也运用服装表演的形式展开了新的营销模式，于1930年3月24日至31日举办了"先施公司时装表演大会"，每日上午10点到12点半、下午2点到6点表演2次。这次连续性的服装表演类似于现在的时装周，借此推广新式服装及面料，并派设计师专门为女性设计专属款式，别出心裁。参演者不仅有名媛模特，还有公司的目标客户，也就是消费者自己穿着服装展示。《民国日报》在1930年3月26日《时装表演大会广告》中报道："延请中西名媛登台表演，服饰之美丽，设色之夺目，姿态之曼妙，举止之大方"，必令观众"发生无限美感"。

先施百货公司于1935年5月13日至24日，在公司5楼举行了廉美国货时装表演，并打出了"晨服、午服、晚宴服、夜礼服，有服皆美；朝装、夕装、游园装、交际装，无装不新"的口号，由沪上著名舞星表演时装，并在表演结尾安排联华毛织厂出品的国货——三轮牌游泳衣表演。所有时装均为物美价廉的国产衣料制成，参观者异常拥挤、定制踊跃。

1936年5月1日至10日，先施百货公司举办了每日3场以"纶昌印花布时装"为主题的时装表演，邀请名媛作为模特。时装"式样适体入时，价值经济合算，缝纫技巧工良，质料经洗耐着，印染艳丽悦目"，广受好评。先施百货公司的服装表演活动推动了上海乃至整个国家服装业的发展，也增加了国货的销量。

永安百货公司在1918年底开业，当时上海的上流社会存在赶时髦的攀比风气，对于时尚新颖的服饰或者物品，总会争着购买。永安百货公司关注到了女性消费特点，在商场一层装饰了大型橱窗服装模特儿，开商场沿街橱窗陈列之先河。1930年，永安百货公司也举行了"永安公司时装大会"，将一些相貌身材姣好的营业员组织成服装表演队，穿着国货时装进行展示，成为当时的时尚。

1935年5月，永安百货公司和美亚绸厂为了应对国内绸缎行业的市场萧条，同时为了维护国家利益，推广国货产品，每天下午2点和6点在永安百货公司四楼举办"夏令时装表演"。服装由美亚绸厂提供面料，由永安百货公司新装部裁剪了各种时髦夏装，表演的服装包括大衣、礼服、旗袍、运动装、睡衣、便衣、披肩、马甲等数十种服装种类。为了更好地衬托演出服装，会场布置使用黑缎装饰黄花。表演舞台设计成半圆形，长长的通道连接舞台和观众，参演的模特是永安百货公司的女职员（图2-19、图2-20），每件都是新样式，价格亲民、质量精良。

图2-19　上海永安百货公司夏令时装表演之程玉坚女士❶　　　图2-20　上海永安百货公司夏令时装表演之吴丽莲女士❷

❶ 图片来源：佚名. 上海永安公司夏令时装表演之一程玉坚女士之礼服［J］. 号外画报，1935（500）：1.
❷ 图片来源：佚名. 时装表演：花园运动衣：吴丽莲女士［J］. 中华（上海），1935（35）：18.

永安百货公司为提倡使用国货绸缎面料，于1936年5月1日至7日与美亚等绸厂协同，举办了为期一周的时装表演大会，并于每日下午2时和6时分别进行两场表演，有报幕员详细介绍时装的出产厂家、价格。时装包括晨衣、外套、泳装、浴衣、旗袍、便衣、披肩、披风、婚礼服、运动衣、家庭便服等多个种类（图2-21），设计精美、新潮，连日客满。举办者因此又延展了3日，并于当月13日，全体赴中国香港演出。

永安百货公司在与其他大型百货公司的竞争中，非常重视宣传，除了在报纸杂志刊登广告，还创造了许多新颖别致的宣传方式，包括举办服装表演活动、商品操作表演、美容表演等多种形式的宣传活动，有效地扩大了公司的影响。

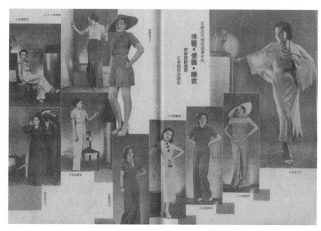

图2-21　永安百货公司时装表演部分时装❶

三、美亚绸厂服装表演

美亚绸厂是20世纪上半叶中国规模最大、最具代表性的丝织厂之一，为中国近代丝绸工业做出了突出贡献，为同时期的中国服装业提供了大量优质的国产服装材料。

1930年10月30日，为纪念建厂十周年，美亚绸厂在上海大华饭店的舞场举办了主题为"十周年纪念特别茶舞时装展览大会"的服装表演活动。演出由美亚绸厂留美归来的蔡声白总经理负责，服装表演中的舞台设计和设备非常先进。舞场中间搭建圆形平台，一座长桥连接，让观众视线清晰。舞台中央装有电光伞灯，照耀全场，格外新颖灵动。音乐台和大门也设计成很特别的流苏门，还有西门子洋行安装的最新广播电机，随时播送广播音乐演说。表演包括服装表演、茶舞表演，还有播放美亚绸厂拍摄的《中华之丝绸》等14个环节。❷演出服装均用美亚绸厂生产的花色和素色乔其纱、

❶ 图片来源：永安摄影室. 永安公司时装表演中的洋装·便装·睡衣的新设计姿态［J］. 特写，1936（4）：25.
❷ 李昭庆，钱孟尧. 论美亚织绸厂对民国时装业的促进［J］. 丝绸，2016，53（10）：77-84.

绸、缎、单绸、双绸等高级面料制成。由鸿翔时装公司负责时装设计、打板和缝制。模特穿过化妆间的长桥，随着音乐到中央平台展示服装，绕着舞台慢慢进入后台，展示了24套时装，包括9个类别。表演分为三个系列：第一系列表演晨起之时的服装，如睡衣、内衣、常服；第二系列表演日常穿着的服装，如游园服、外罩服、网球服、茶舞服；第三系列表演晚上参加活动穿着的服装，如晚服、晚礼服（图2-22）。由于这一活动规模属国内首创，《申报》连续三天报道，在上海引起轰动。

1933年9月9日至16日，美亚绸厂与先施百货公司联合，在先施百货公司四楼举办了以"美亚二二秋式纟缦绸"为主题的时装表演，每天下午举办四场，同时销售各种面料。参加表演的模特大都是上海的名媛，显然，所穿的服装都是由美亚绸厂制成的，图案为立体圆形，色彩鲜艳，非常漂亮，展示的服装有晨衣、晚装、常服、游园装等数十种。舞台中间还设有高台，两边有台阶。模型从左侧出场，下左侧台阶，展示服装后，从右侧上台阶退场（图2-23）。

图2-22　美亚织绸厂在上海大华饭店举办的十周年服装表演❶

图2-23　美亚绸厂与先施公司联合服装表演❷

---

❶ 图片来源：中华. 美亚绸厂十周年在大华饭店举行之国绸时装表演会中之表演者［J］. 上海画报, 1930（642）: 1.
❷ 图片来源：搜狗图片。

除了独立举办服装表演活动，美亚绸厂还与各百货公司多次联合举办服装表演，并以与当地服装经销商、面料经销商合作的形式，在苏州、香港等地举办服装表演活动，推广美亚绸厂面料。1934年，美亚绸厂有22位服装模特。蔡声白先生不仅经常组织服装表演活动，还把美亚绸厂面料以及服装拍成电影，去东南亚宣传。

第四节 综合类服装表演

综合类的服装表演一举多得，集传播文化、商业推广和赈灾筹款于一身，充分显示了服装表演对于经济、文化和社会的贡献。商家出资赞助活动，一方面是热心公益，解决社会问题；另一方面也可以达到宣传推广的目的，同时还能展示新奇美丽的服装给民众，传播文化艺术。

一、国货服装表演

上海市第三届国货运动大会时装展览会，以提倡国货为目的，获得社会人士广泛参与和支持。时装展览会于1930年10月9日下午3点至7点在戈登路的大华饭店举行。表演由当时的上海市"张市长夫人马育英女士、刘监督夫人许淑珍女士、杨院长夫人郑慧琛女士、王延松夫人，郭安慈女士、虞岫云女士、唐冠玉女士等发起国货时装展览会函"[1]，表演服装由鸿翔时装公司监制、创样，另外云裳时装公司也设计制作长短时新旗袍。美亚绸厂、上海市绸缎业公会、上海市国产绸缎业救济会、上海市电机丝织厂同业公会、章华呢绒厂、三友实业社、杭州震旦织绸厂等捐助了国产面料。表演时装种类包括晨服、常服、茶舞服、晚礼服、婚礼服。参演人员包括闺阁、名媛在内的上海时尚女性，另包括表演男子西式服的5位男性（图2-24~图2-27）。表演的间歇安排茶舞与游艺。表演门票为2元钱，且备有茶点，可在先施百货公司、永安百货公司、新新公司、云裳时装公司、鸿翔时装公司和商务印书馆虹口分馆六个售票处购买。

---

❶ 李昭庆，钱孟尧.论美亚织绸厂对民国时装业的促进［J］.丝绸，2016，53（10）：77-84.

图2-24 国货时装表演展览会之婚礼服❶

图2-25 参加国货时装展览会的务本女校学生❷

图2-26 国货时装展览会的男士服装❸

图2-27 国货时装展览会的部分女装❹

　　上海的中国国货公司鉴于上海摩登女性偏爱西式服装的风尚，本着爱国、救国宗旨，在1933年5月12日至14日的每日下午，于公司二楼南部新厦举办"中国国货公司时装大会"。会场灯光、音响、布景等都独具匠心，邀请上海著名影星朱秋痕、艾霞、胡蝶、胡萍、宣景琳、徐来、高倩苹、严月娴、顾梅君、顾兰君女士进行时装表演（图2-28）；"三天会期中，来参与的全沪闺阁名媛，不下三万余人之多。"❺

❶ 图片来源：佚名. 国货时装展览会婚礼服（二色版）[J]. 文华艺术月刊，1931（15）：6.
❷ 图片来源：佚名. 时装展览 [J]. 时代，1930（12）：7.
❸ 图片来源：佚名. 国货时装展览会 [J]. 良友画报（影印本），1930（52）：15.
❹ 图片来源：佚名. 国货时装展览会（二色版）[J]. 文华艺术月刊，1931（15）：8.
❺ 刘璐，胥晓. 20世纪30年代中国银幕摩登女郎的身体演绎现代性思潮 [J]. 电影评介，2019（6）：5-9.

图2-28　1933年中国国货公司时装大会部分时装❶

二、娱乐性服装表演

1932年7月，在上海丽娃栗坦村举行过一场消夏同乐会活动（图2-29），活动在室外花园搭建一个舞台，时髦女性身着时装在台上展示服装，台下的名媛绅士们三五成群，围坐在茶桌旁交谈、欣赏，场面十分热闹。这次活动在聚会、交流、娱乐的同时，向社会展示新潮服装，探讨服装艺术（图2-30）。

---

❶ 图片来源：大同照相馆. 国货时装［J］. 中华（上海），1933（18）：26.

图2-29 丽娃栗妲村消夏同乐会❶

图2-30 参加丽娃栗妲村时装
表演中的王秀珍女士❷

图2-31 大华呢绒时装展览之表演者❸

除上述外，各地各公司也纷纷组织过不同类型和规模的服装表演活动，如1930年初，上海名媛发起了皮货时装大会，表演在戈登路新华饭店举行，参与表演者为上海名媛与名人夫人，"参观者有千余人，节目甚多，至上午十时起表演至下午一时止"，成为当年皮货时装表演的代表。1930年底，上海大华呢绒厂为鼓励大众购买国货呢绒制作的时装大衣，在南京路果餐商场二楼举行了"国货呢绒冬装展览会"，展会包括游艺、冬装表演等，仅11月30日一天就有3000余人前来观看和购买时装（图2-31）。

❶ 图片来源：佚名. 丽娃栗妲村消夏同乐会［J］. 时代，1932（11）：10.
❷ 图片来源：明宇. 上海丽娃栗妲村于上月举行之时装表演中之王秀珍女士［J］. 天津商报画刊，1932（1）：2.
❸ 图片来源：佚名：大华呢绒时装展览之表演者［J］. 血汤，1930（8）：1.

第五节　20世纪初期服装表演的构成

一、服装的种类

现代服装表演大多以所展示的服装种类进行区分，但在20世纪初期的服装表演中，往往可以看到不同类型的服装出现。除了文化交流性质的服装表演中出现多种不同种类的服装，其他如商业性、公益性服装表演也有类似的安排。1930年《工商半月刊》报道，上海国货时装展览会表演时装品类展示的女子服装有晨服、常服、茶舞服、晚服、婚礼服等；男子服装展演中，展示了男子西式服装如中山装、猎装等。1932年美亚织绸厂与先施百货公司合办的新装大表演中，展示了晨服、常服、晚服、茶舞服和睡服五种不同场合的服装。上海永安百货公司于1936年5月举行的一次时装发布会，展示新式旗袍、现代晚服、运动衣和游泳衣。1947年北京饭店举行的冬赈服装表演，也同样出现了多种服装。这些服装从时代上划分，从古到今都有涉及，有汉代、明代、清朝时期的古装与当下时装；从种类上划分，有便服、朝服与婚礼服等。❶

早期的服装表演注重品类多样化，而现今时装表演多注重某种品类的专场表演。也有原因是当时生产力低下，物资较为匮乏，同种类的服装数量不足以完成一整场展演，所以用多种类型的服装同场展示，不仅丰富了表演内容，也让大众认识到更多、更全面的服装种类，算是时代赋予的特色。

二、模特表演

在现代，人们大多把服装表演的从业者称为服装模特。服装模特是指专业"从事服装表演和品牌形象展示的人员"。如果借用现代社会的标准来定义20世纪初的参演服装演员，那么很难将其定义为服装模特。但受到国外时尚界的影响，当时已经把展示服装的人称为"时装模特"了（图2-32）。20世纪初期参与服装表演的人员大多具有一种"客串"的性质，类似于现代社会的"兼职"。参加表演的模特大致分为以下几类人群：名媛、影星、女学生、女营业员等，如果有童装的表演，还有部分儿童模特参加。

---

❶ 贺义军，张汇文，张竞琼. 近代中国早期服装表演的启蒙意义［J］. 丝绸，2016，53（5）：66-70.

图2-32　20世纪30年代的时装模特儿 ❶

电影业的繁荣造就了一大批女性电影明星。她们在银幕上，塑造了千万新时代和新女性形象；在生活中，她们成为女性模仿的对象，凭借自己特殊的社会身份，不断塑造时尚潮流，成为时尚标杆。女明星所着时装最易流行，对于时装发展的推动较大，因此，也成了服装模特的最佳人选。例如，1937年流行的"一九三七年影后式大衣"就是女明星们竞相穿着灰背皮大衣引领起来的。这些女明星主要通过设计服装、接拍时装电影、拍摄时装广告、参与时装表演、代言时装公司新装、公众场合穿着等途径引领时尚。影星作为模特的代表有胡蝶、徐来、严月娴、梁赛珍等，女明星们面容姣好，知名度高，有一定的社会影响力，在参与服装表演的同时发挥了"明星效应"，从而吸引更多的观众来观看服装表演，达到服装展销的目的。女明星穿着时装的照片也经常刊登在各大杂志和报纸上，宣传服装公司的新装。明星参与的服装表演活动代表有：1933年5月12日至14日，由中国国货公司主办的"中国国货公司时装大会"由电影明星胡蝶、徐来等任表演嘉宾；1933年10月14日，由鸿翔时装公司举办的"中西服装表演大会"由黄白英、谈瑛、朱丽丽、牛素娟等女明星任表演嘉宾；1934年11月29日，由鸿翔时装公司和百乐门大饭店共同发起的"明星名媛时装表演大会"，

❶ 图片来源：佚名. 时装模特儿：［六幅照片］［J］. 电声（上海），1934（42）：1.

由胡蝶、叶秋心、宣景琳、徐琴芳、朱秋痕、朱秋白、严月娴、顾梅君、顾兰君等明星们担任模特；1935年的《电影生活》杂志对当年明星时装模特着装进行了分析，并预测1936年的流行趋势（图2-33）。

图2-33 影星时装模特❶

名媛是20世纪初期服装表演活动的主流。她们多接受过良好的教育且有一定的家族背景，知书达礼、擅长社交、才情过人、优雅时尚。有些公益性的服装表演也大多是由名媛、贵妇们组织并亲力演出的。郭安慈女士是永安公司总经理的三女儿。1929年为上海麻风病院募捐举行的中西游艺大会上设有名媛选举，郭安慈因最终拔得头筹而被誉为"上海小姐"。郭安慈对时装发展贡献良多，例如她是1930年国货时装展览会发起人和表演者之一，曾多次参与时装表演活动等。以名媛为首，比较有影响的服装表演是1933年12月由上海女青年会与上海妇女界合作开办的国货展览会中的服装表演活动，表演者均为名媛；1934年11月27日，鸿翔时装公司和百乐门大饭店共同发起的"明星名媛时装表演大会"，由梁丽芳、曾文姬、古金莲、古雪梅、陈瑞芩、刘秀峰、李静宜、李玛琍、张淑芬等名媛表演。

女职员也是服装表演的参演者之一。女职员大多为营业员，做销售工作，对所接触的商品往往比较熟悉，也有利于更好地展示自我，展示服装。上海永安公司的内刊《永安月刊》在创刊初期的封面模特选择上，多采用女职员，如第2期封面模特是女职

❶ 图片来源：佚名. 1936丰之服装表演［J］. 电影生活（上海1935），1935（4）：17-18.

员吴丽莲女士（图2-34），第9期封面模特是女职员郑倩如女士（图2-35）。例如1934年，上海国货公司新装部为推出新制国货时装开办时装表演会，表演者就是由公司职员庄莺英、庄月莺、欧阳英、汪慕敏等担任；1935年5月27日至6月2日，永安百货公司与美亚绸厂在永安公司4楼每日下午举办两场"夏令时装表演"。❶这些表演展示的服装种类全面、款式新颖，且价格亲民、质量精良，因此现场订购踊跃。作为模特的永安百货公司女职员——吴丽莲和郑倩如，她们面貌姣好、身姿婀娜，在展示国货时装的同时，展现了大众女性时尚、自信的风貌；对时装的诠释完全不输于同期的明星和名媛。《良友》画报在1935年第106期针对演出进行了报道，并刊登了主要表演者的照片（图2-36）。

图2-34 《永安月刊》第2期封面模特吴丽莲女士❷　　图2-35 《永安月刊》第9期封面模特郑倩如女士❷

图2-36 1935年参与夏令时装表演的上海永安百货公司女职员❸

❶ 连玲玲.打造女性消费天堂——近代上海百货公司的经营策略［J］.书摘，2018（11）：43-46.
❷ 图片来源：民国沪上掠影——《永安月刊》影像资料展.
❸ 图片来源：佚名.夏季时装［J］.良友画报，1935（106）：41-42.

1935年的夏季时装表演颇为成功,上海永安百货公司在第二年夏天举办了一场更大的服装表演,多达15家厂商联合推广国产绸缎,并向香港永安公司推广整套演出节目。香港永安公司还特别举办了开幕音乐会,节目内容除了合唱和舞蹈表演外,还有三场服装表演,全部由永安公司的女职员担任模特。

女学生参与的服装表演见于各种公益活动和文化宣传活动中,如1928年,贝满女中学生表演世界各宗教服装;1930年10月4日,上海务本女子学校部分女学生参加了国货时装表演;1948年,在广州胜利大厦举行的音乐晚会,岭南大学女生演绎了历代妇女名流服装表演等。

另外,《良友》画报刊登的"上海南京戏院之时装表演"中曾出现过西方模特的身影;1936年张菁英的锦霓新装社沙龙表演,以及同年在回力舞厅举行的中西名媛时装表演中,也均有西方模特出现。

三、表演策划

以第三届国货运动大会时装展览会为例,该时装表演的服装种类、面料、出品制作公司及表演者如表2-1所示,由此看出20世纪初期的服装表演编导策划的雏形,女装8个系列共44名女模特,其中有3名模特(郭安慈、李金容、虞岫云)是换装出场2次的。本次表演服装总套数大约为52套;女装出场顺序是从简洁到隆重,压轴展示最为隆重的婚礼服,这与现今时装表演的编排理念大致相同(表2-1)。

表2-1 第三届国货运动大会时装展览服装种类、面料、出品制作公司及表演

演出时装种类	面料	出品及制作公司	表演者
男子西式服装 中山装、猎装	章华呢绒厂出品西装	恒康西服号制	张孟杰、田和卿、宓季方、孙咏沂、陈泽宜
普通服	二一二自由呢	三友实业社出品	蒋棣仙、沈申如、郭榴英、庄前霞、石琛、罗锦屏
短旗袍	嫦娥绉、印花府绸、麒麟绉、素软缎、印花软缎、闪色软缎	云裳时装公司制	蒋绮志、卢冬真、顾良玉、卞剑影、寿幼兰、顾秀琴
长旗袍	素软缎、印花素绉纱、闪色华锦葛、印花线葛、鸳鸯绉、京蓝洋布、线春、闪色月华缎、绨	云裳时装公司制	薛锦园、曹若英、杨中慧、孙杰、潘惠椿、邵秀文、顾夫人、李金容、马素泉
晨服	绉纱	鸿翔时装公司制	虞岫云、陈香卫、李国绶、华淑贞、高凌华
常服	美亚印花印度绸	鸿翔时装公司制	郭安慈、李国绮、王雪华、沈季玉、陈琼芳

续表

演出时装种类	面料	出品及制作公司	表演者
茶舞服	美亚印花印度绸、老九纶绸缎	鸿翔时装公司制	叶更妙、叶更好、荣德先、刘拙如、徐素芳、左宛君
晚服	美亚乔其及软缎	鸿翔时装公司制	虞岫云、周铭、俞淑芬、张桂卿
婚礼服	美亚缎子乔其及塔府绸	鸿翔时装公司制	郭安慈、陈素珊、谈玲君、高鸿华、李金容

四、表演形式

20世纪初的服装表演，大众对于舞美、背景音乐、造型、台步等几乎没有概念，对于新事物还在接受阶段。20世纪30年代的服装表演形式各样，有动态的表演，也有静态的平面展示。1936年邹韬奋在《生活》发表文章《看了国货时装展览会》中提及："国货时装表演其方式系由男子或女子若干人，穿着时装，从容缓步鱼贯而出，在观众前面走过一遍，同时还有音乐作陪衬。"❶由此可以了解在国货服装表演中，有男女模特多人穿着时装，在音乐背景中呈线形状出场。音乐为模特行走提供了节奏参考，还可以烘托现场气氛；1936年，一篇关于天津回力球场舞厅举行的中西名媛时装表演的报道中，提及了当时的表演方式："该场表演中，有中国妇女4人为一组，西方妇女12人为一组，分别进行展示。其中，中国妇女在表演时，采用的是直线形，即趾尖对着后跟，两脚前后成一直线。这种步伐是从以往的戏剧台步中沿袭下来的。论表演与音乐的配合程度，仅有4名西方妇女步伐与音乐节奏合拍，其余人员均未能做到这一点。"❷这段话描述了服装表演有中国女性模特4人一组出场，外国模特12人一组出场，中国模特直线行走，就是现在模特常讲的"直线台步"，但模特的节奏感大多较弱，并且行走的姿态偏戏剧化。由此可见，20世纪初期的服装表演已经有了节奏的概念，参演人员对台步的美感及表现力也有所理解，能够区分高于生活中的艺术与较夸张走姿造型。

五、表演舞台

20世纪初期的服装表演活动选择场地有豪华大戏院、大饭店、歌舞厅、百货公司等，一般报纸杂志报道的服装表演活动规模普遍较大，但也有聚会性小型沙龙服装

❶ 韬奋. 看了国货时装展览会［J］. 生活，1930，5（45）：748–749.
❷ 四方. 回力舞厅之时装表演［J］. 北洋画报，1936，28（1383）：2.

表演。第一次出现舞台设计的记载是1930年美亚绸厂"十周纪念特别茶舞时装展览大会"活动。《申报》1930年10月31日第十版的一篇《美亚绸厂时装展览会》报道中提及："美亚丝绸厂十周年时装表演舞台布置由美艺建筑洋行承办，依照留法艺术家钟幌君设计的图样建制，均富有摩登意味。"❶舞场中间搭建圆形平台，一座长桥连接，即便是在时尚的当下，这样的舞台设计理念也具有一定的时尚感。20世纪初期表演台的造型设计呈现多样化造型，1933年9月9日至16日，美亚绸厂与先施公司联合，在先施公司四楼举办的时装表演，是以舞台创意背景为亮点，增加了楼梯，据《申报》报道："布置方面，搭有一高台，两旁设崇阶，表演者均为名媛，自左首圆门出而下阶，款步复登右阶而入。"❷服装表演的氛围设计与舞美结合，更具观赏性，同时也提升了展示效果。

第六节　20世纪初期中国服装表演的启示

一、推动服装经济

1. 丰富营销模式

服装营销对服装行业至关重要，决定着服装店铺的最终收入。经营初期，当裁缝师傅还是拎包上门的个体经营人员时，他们做工精致、百改不倦、送货准时的服务精神，赢得了顾客的信任。经由顾客、亲友介绍的顾客越来越多，甚至出现了很多为一个家族的女性世代制作服装的情况。随着行业的成熟和竞争的加剧，服装业的营销策略变得更为细化，运用报纸、杂志的时装专栏，定期发布服装作品、制作方法、时装评论，还有一些生产和销售时装的公司设有自己的厂刊。广播也是传播时装文化的一大途径，而其中，服装表演的效果又最为直观，信息量大，造成的影响往往能够轰动一时，是很好的营销方式。张菁英女士在她创设的"锦霓新装社"开业初期，广邀各界名媛前来观赏表演、交流聚会。她们悠闲地坐在沙发上吃茶点，同时观看服装表演。表演过程中，女士们会交流和评论，不仅受到了新潮审美的影响，还激发了她们的购买欲望，创造了新的营销模式。云裳时装公司开业后，大量的广告和利用服装表演来展示这种新颖的形式，吸引了一些女士购买，这种营销方式有效地提升了经济效益。

❶ 佚名. 美亚绸厂时装展览会［N］. 申报，1930（10）.
❷ 佚名. 美亚先施联合时装表演会昨开幕［N］. 申报，1933-9-10.

2. 促进商业合作

服装行业竞争日益激烈，服装表演这种形式可以促使各商家进行合作，谋求共赢，如时装公司与百货公司的合作、面料厂商与时装公司、百货公司的合作等，可以两方合作或者多方合作，运用服装表演的方式共同展示，达到互惠互助的目的。服装表演为商家们提供了一种全新的合作方式，消费者也可以了解到更多的商品讯息。如1930年上海大华饭店举行的国货时装大会，就是一个商家合作进行服装表演的典范。该场表演的服装衣料由美亚绸厂、震旦绸厂、章华呢绒厂和三友实业社提供，缝制工作由鸿翔时装公司担任，分别展示了晨服、常服、茶舞服、晚服、婚礼服等多种服装，让国人耳目一新，认识到国货服装的优秀。如此一来，衣料厂家借助服装表演宣传了最新面料，服装公司则在衣料厂家的赞助下，得以展示本公司服装的新颖与优质，还让观众了解到国货的最新资讯，一举多得。

3. 振兴国货服装

在20世纪初期的服装表演中，相当一部分主题是"国货时装表演""支持国货"，是一种民众自发的爱国行为。这样的服装表演也让民众了解到国货服装的美观、大方，带动国内经济，如1930年上海第三届国货运动大会；1931年广州国货展览会；1933年中国国货公司时装展览；1934年儿童年和妇女国货年时装表演；1936年6月5日由上海职业妇女会参与的，在上海静安寺路九号上海女青年会举行的"国际职业妇女时装表演"；1936年在长沙举行的中国国货公司春季时装表演等。

自近代以来，"振兴国货"的口号数次登上历史舞台。近年来，购买和使用国货的概念再次流行起来，为由来已久的"国货崛起"吹响了又一声号角。只有了解"国货"的过去，中国服装业才能穿透历史的迷雾，驶向更广阔的未来。

二、衍生时尚行业

20世纪30~40年代，服装表演的出现及繁荣，也衍生和带动了一些相关行业，比如时装评论、时尚编辑、时装摄影、表演策划、舞台布景等。一般在大型的服装表演之前，会有专门的舞台设计制作，表演设计策划，虽然当时照相技术并不普及，但在服装表演的现场会安排专人进行拍摄，随后进行文字报道与图片结合，出现在综合性报刊的相关板块，这是当时媒体的通行做法。

1. 时装摄影

为了宣传服装及产品需要，包括满足一些杂志封面需要，有时会拍摄室外非表演现场的时装照片，许多杂志封面和内页都刊登时装及人物摄影作品，这些现象都为今后服装表演的发展成熟以及时尚行业的形成奠定了基础（图2-37、图2-38）。

图2-37　20世纪30年代《时代》新秋时装摄影❶

图2-38　20世纪30年代《时代》流行时装摄影❷

２．时装评论

服装行业的发展繁荣促进了时装评论的发展。这时的时装评论非常有前瞻性，甚至不亚于今日的时装评论和学术观点。代表性的时装评论如著名作家周瘦鹃曾多次在《上海画报》就时装表演发表评论，邹韬奋也曾于1929年在《生活》发表国货时装展览会观后感等。值得注意的是，这些时装评论不止出自教授、专家等专业人员，甚至也有出自署名不同、工作各异的大众。当时时装评论的类型主要包括观点类、科普类、学术类、翻译类等。

三、破除封建思想

在封建社会传统观念中，女子深居简出，不能抛头露面，服装也是以"藏"为美。受西方文明影响加上服饰的审美变迁，女性逐渐开始注重自身的形体，服装也变得越来越能展现女性体态，通过服装表演改变及传播审美观念，让思想进步的女性走上舞台展示美。在明星、名媛以及女学生的引领下，社会风气变得开放，女性不但敢于追求新潮，也可以走向社会，通过组织社会关系，举办服装表演，筹集善款，改善民生，为社会发展贡献力量。这不仅提高了中国女性的社会地位，也证明了中国女性

---

❶ 图片来源：卡尔登. 新秋时装［J］. 时代，1932（1）：20.
❷ 图片来源：林泽民，冯四如. 沪江. 流行时装［J］. 时代，1932（10）：19.

强大的社会活动性。

服装表演作为服饰的一种推广形式，离不开商业的推动，同样也蕴含着巨大的商业价值。服装表演在欧洲本就是因商业推广而兴起，承担演绎流行趋势、引领时尚消费的作用。20世纪20年代后，我国出现了一些纺织厂、丝绸厂和服装公司，商业促销类服装表演在20世纪初期最具社会影响力，举办数量也最多，作为商品宣传最终达到盈利目的，具体表现为举办服装表演活动、参与其他重大活动和聚会等。

20世纪初期，我国的服装表演伴随着同时期经济文化的发展而兴起，并成长为一门较成熟的产业，以上海为中心，不断扩展至北京、广州、武汉、杭州、重庆等地。其中20世纪20~40年代是早期中国服装表演发展的辉煌期，折射出当时人们的着装情况、社会背景、思想动态，有商业促销、文化交流、社会公益等性质，展示的服装种类繁多，推动了整个时期服装业、时尚业的进步，对破除封建思想、维护妇女权益起到了一定的作用，也为服装表演业此后的发展奠定了基础，为当代中国服装表演业的发展进步提供了可资借鉴的经验。

第三章
20世纪初期服装表演视角下的女性服饰

20世纪初，中国服饰整体特征为中西结合、新旧并存。中西结合类的服装指同时具有西式和中式元素的服装或中西服装搭配的组合。例如，20世纪30~40年代的改良旗袍和中山装，都是西式裁剪技术与中式服饰形制相结合的服装。男装有传统长袍、马褂、布鞋、西装、帽子，还有学生服和中山服；女装有传统旗袍、改良旗袍、礼服、洋装大衣、衬衣、长裤、连衣裙等；女性流行烫发、剪发、新旧发髻；配饰有传统金银首饰、珠宝、进口钻石及高跟鞋、丝袜。

第一节　20世纪初期推动服装表演的时尚传播

一、摄影

20世纪初期，国内已出现了照相馆，专门为市民提供拍摄服务，尤其是上海的摄影技术最为发达。在查找20世纪初期与时装表演相关的照片时，笔者发现有一部分照片作者是以照相馆的名称出现的，如中华、新屋等照相馆最为知名。在时装流行之初，人们因思想保守还不敢将时装外穿，但是会选择去照相馆将美好的形象拍照保存下来，尤其体现在明星、摩登女性、结婚新人、全家照等方面。此时也涌现出一批摄影家，在时尚报纸杂志担任摄影记者并发表大量时装摄影作品，成为记载和宣传时尚服饰的重要途径。

报纸杂志刊载大量时装摄影作品，对国内时尚女装的传播作用突出。如上海大同照相馆拍摄的1933年上海国货时装运动参演模特的照片，就经当时上海数家杂志刊载，对国货时装宣传起到了重要作用。

二、报纸、杂志

20世纪初期，国内大都市出版有专业的女性时装书籍、报纸、杂志，以上海最为集中。20世纪30年代国内电影的繁荣发展以及造纸印刷工业的进步，使得这时期的出版业空前兴盛，而且种类丰富。经济的繁荣、文化教育的普及，使得刊物成为大众消遣娱乐的重要途径，几乎所有刊物都会涉及电影、明星、时装等话题，许多报纸、杂志专门设置服装专栏，定期发布服装设计作品、流行服装摄影、服装表演现场、时尚评论等，引领女性的时尚穿着，如《社会晚报》曾设有《时装特刊》，《妇人画报》设有《时装·美容·流行》专栏，《申报》设有《服装特刊》等引领健康、正气、质朴的国货着装时尚。20世纪初期，一批出版商在上海开办印刷公司，出版了一批富含时装信息的报刊，如伍德联先生创办的《良友》画报印刷公司，推出了中国首个大型生活类画报《良友》画报。当时的《良友》画报除中国外，在国外也设有多家代理公司，使画报销往美国、加拿大、新加坡、日本等多个国家，让国内时装的文化影响迅速发散和提升；大型百货公司也会出版和发行期刊，如上海永安百货公司于1939年至1949年发行《永安月刊》；上海知名的时装面料厂家，也会设有厂刊，如美亚绸厂发行的《美亚期刊》，内容中都有的许多的时装资讯；另外，当时上海的许多杂志中都有大量时装的信息，如《妇人画报》《上海画报》《骆驼画报》《妇女杂志》《玲珑》杂志、《号外画报》《中华（上海）》杂志、《健康家庭》杂志等，这些画报和杂志对女性服饰的传播起到了积极的推动作用。

在上一个章节提到，中国早期服装表演中，有文献可征的第一次由真人穿着并进行现场表演形式的，是于1926年12月17日由上海联青社在夏令配克戏院所举办的时装表现会。在这之前，服装表演往往以拍照并在报纸杂志刊登的形式进行。如《良友》画报，在1926年第4期就有一篇题为《上海妇女衣服时装》的图片报道，是多位女士身着家居服、长短旗袍、短衣宽裤、短衣长裙等各色服装进行展示的照片，照片旁配有解说性文字，说明该种服装的用途及穿着场合、季节等（图3-1）。

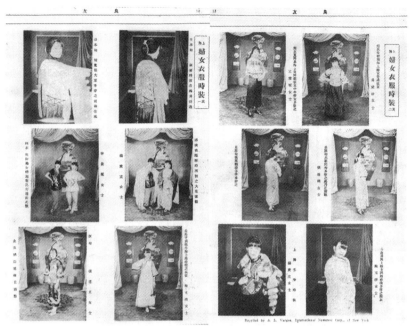

图3-1　《良友》画报1926年第4期对上海时装表演的图片报道❶

三、电影

1. 国内电影的发展

20世纪初期，随着中西文化不断交融，国内大城市商业经济的发展，大众的消费热情也日益高涨，大都市的娱乐事业也逐渐繁荣。上海自开埠以来，资本的积累渐居全国之首，在半殖民地、半封建的社会背景下，西方商品和资本开始大量涌入，诞生于19世纪末的电影，很快引入到中国上海，此后，上海进入了国产电影快速发展的时期。

1921年，中国影戏研究社、上海影片公司、新亚影片公司三家最早的制片公司在上海成立。1922年3月，中国近现代影坛占据重要地位的明星、联华等电影公司在上海成立。这之后，许多电影公司纷纷在上海成立，1923年已有14家，到1935年共有46家，影片主要产出集中于明星、联华、天一、艺华、电通等几家大型制片公司，所摄制的时装片极受欢迎。

当时上海的时装公司，也会拍摄公司宣传片或时装表演影片，并与影院合作，在播放电影的同时，加映当年、当季的时装展览短片，形式类似于现在的广告插播。如南京大戏院曾经多次加映"鸿翔公司最新妇女服装表演"节目。❷有些上海的时装公

❶ 图片来源：佚名. 上海妇女时装表演（十二幅）[J]. 良友画报，1926（4）：12–13.

❷ 佚名. 南京大戏院 [N]. 申报，1933–12–3.

司还承诺在电影开映期间，持观影票根到时装店定制时装可享受购买折扣和工艺优惠，如1934年上海云荣妇女服装店，在新光大戏院放映电影《健美运动》时，就与剧院合作，在放映该片时加映短片《云荣妇女服装店1934年秋季时装展览大会》，且在开映期内，"凡持有新光大戏院票根到福煦路同孚路口云荣妇女服装店定制时装大衣者，照码八折，旗袍做工，不计滚边多少，每只收打样二元四角。"❶此外，大型时装公司也会邀请电影公司拍摄表演影片供公司播放，如1933年，鸿翔时装公司举行了17周年庆的时装表演活动，许多群众因现场位置有限未能到场观看。出于公司宣传需要，鸿翔请联华电影公司摄制了两部关于鸿翔时装表演的影片。"第一本创样、剪裁、式样等一切制造工程方法实地摄制。第二本为中西名媛表演，如晚礼服、茶舞服、冬季大衣、细毛寒衣、结婚服、陪婚服以及各种时装均入幕表演。"❷两部时装影片于当年12月2日开始在鸿翔总店的美术厅放映一周。还有上海美亚绸厂，在1930年十周年服装表演中，播放了该厂自发摄影作品《中华之丝绸》，在宣传产品的同时也为演出形式增添了亮点。

　　2. 电影明星的带动

　　电影业的蓬勃发展催生出一大批电影明星，由于当时还没有形成时装模特概念，因此女明星就充当了这一角色。电影屏幕上的女明星成了许多女性的崇拜对象和模仿对象，她们的服装搭配、妆容面貌体现了当时的时装风格定位和走向。尤其是在电影院内，开播的环境使得屏幕显得更为明亮，演员的时髦装扮更加引人注目。可以说，电影明星是上海时尚代言人，她们的衣着代表了最佳的时尚形象。在时尚文化发展过程中，女明星使大众产生一种模仿心理。在模仿中，大众以女明星为标准，按照自身条件来设计自己的穿着打扮，追求与众不同，在普遍性与特殊性之间进行协调，制造时尚氛围。

　　电影的出现，让大众迅速接受了各种新生事物，他们试图摆脱传统的社会观念，去追求个性化的差异，在这个过程中，时尚变成了满足大众需要的全新的生活方式。明星在电影中的形象受到大众关注，她们的穿衣搭配、一举一动都成为大众的模仿对象。在电影发展的繁荣时期，出现了《姐妹花》《新女性》《小玩意》《马路天使》等一批佳作。这些电影成为展示时装的载体，而胡蝶、阮玲玉、周璇、王人美、陈燕燕、黎明辉、上官云珠等明星则成为时尚文化的演绎者，深受大众喜爱。当时的影片公司雇佣专门的服装设计师、美工人员、剧本创作人员，根据电影情节为女明星设计

❶ 佚名. 新光大戏院明天开营但杜宇导演（健美运动）[N]. 申报，1934-11-15.
❷ 鸿翔时装开映中西时装表演影片启事 [N]. 申报，1933-12-3.

服装，塑造女明星的银幕形象，如电影皇后胡蝶一般都穿着华丽雍容的旗袍或礼服；阮玲玉展现的是忧郁温婉的形象，一般都穿着素雅的条纹格或者素色旗袍；周璇展现的是小家碧玉的形象，将旗袍演绎得既甜蜜又清新；王人美、黎莉莉展现的是健康、明朗、充满活力的形象，受到很多学生的喜爱。时尚与模仿能产生共鸣并相互影响，与电影背景下的大众传媒有着密不可分的联系。电影业的发展，催生了许多与电影有关的报纸杂志，它们以图文并茂的形式介绍与电影、明星有关的资讯，个性鲜明地反映了当时的时尚特征。它们准确地抓住了大众对时尚文化的需求，纷纷开设专栏，对明星的时尚装扮和时尚生活进行了全方位、多角度展示，包括明星的美照、妆容、服装、健身等，从内容上满足大众的阅读喜好，对大众产生了很大的影响，成为他们津津乐道的话题。可以说，当时的报纸杂志无论是从内容到形式，还是从文字到图片，都无时无刻不在迎合大众的审美取向和时尚追求。

电影的兴盛促使女明星自然而然成了时尚代言人。她们的银幕形象往往就代表了一种时尚，或简约，或华丽，或清新，或浪漫。她们个性鲜明，气质独特，风格各异，具有超强的吸引力。银幕下，她们又是时装公司的特邀模特，把明星效应进一步扩大到大众的生活之中。许多女性都喜欢模仿女明星的服装、发型和配饰，女明星的银幕形象和生活形象都有可能演变成一种时尚潮流。而这些一旦被当成一种时尚为大众所接受时，它就已经不能称为"时尚"了，新的时尚又开始萌芽。这个过程既满足了女明星标新立异的心理需要，又满足了大众追求时尚的心理需要。

3. 国外电影的影响

20世纪20年代，美国摄影科技的进步使得影片审美性较高，好莱坞电影制作团队迅速崛起成为美国的电影制作中心。20世纪20~40年代是好莱坞电影的黄金时期，此时的国内时尚女装受美国时装的影响较大，从好莱坞电影开始，美国电影公司常与时装公司合作，在电影播放的同时开始在时装公司兜售同款或相似新装，大众时髦女性也会购买该时装的纸样，使用缝纫机制作新装。

随着好莱坞电影的普及，国内大众的时尚审美观发生了巨大的变化。玛丽·碧克馥、葛丽泰·嘉宝、费·雯丽、克拉克·盖博等好莱坞明星主演的电影传入上海，他们的银幕形象给上海大众带来了巨大的冲击和影响。好莱坞电影开始发挥传播时尚的作用，20世纪20年代后期，好莱坞电影时装对同期中国的影响大多为晚礼服、跳舞服等非日常时装。到了20世纪30年代以后，影响扩大至女性礼服、大衣、西式休闲衣裤等日常穿着。上海的时尚刊物上也都是好莱坞明星的海报和照片。随着大众对时尚刊物的赞美和追捧，好莱坞明星已经成了一种时尚标杆。翻开20世纪30~40年代的时尚杂志，主题似于"好莱坞之新装""好莱坞时装展览""巴黎服装""纽约时装"等介绍西方服饰的文章和照片随处可见（图3-2、图3-3）。无论是服装搭配还是美容美发，都为大众提供了一切可能的范本，向读者传递西方时尚的资讯，营造了一个全新的时尚氛围。

图3-2　1933年好莱坞时装展览❶

图3-3　1934年好莱坞新装展览❷

---

❶ 图片来源：佚名. 好莱坞的时装展览［J］. 电影画报（上海），1933（5）：28-29.
❷ 图片来源：佚名. 一九三四年好莱坞新装展览：冬季夜服三种［J］. 健康生活，1934（1）：1.

第二节　服装展示中的流行女装

一、上衣下裳

上衣下裳是古代中国女性的服装形制之一，20世纪初期，女性上衣下裳的形制继续延续，主要流行于20世纪30年代之前。20世纪初的中国掀起赴日本留学的热潮，受到留日女学生的影响，上海女性开始流行日式简单朴素的装扮，女装盛行短袄长裙，没有过多的装饰，被称作"文明新装"。在20世纪20年代的报刊中，常看到时髦女性穿着这种"文明新装"（图3-4、图3-5）。

图3-4　20世纪初期穿着文明新装的培华　　　图3-5　20世纪20年代穿着两节制服装的女学生
女子中学学生（右一为林徽因）❶

二、旗袍

20世纪初期，为适合新时代中国女性着装需要，人们改进清代旗女衣装而演化出的一种新装束，打破了中国数千年来传统女性着装上衣下裙的两截式穿衣的局限。20世纪20年代中后期，"文明新装"也逐渐被旗袍替代。学生、明星、名媛等无外乎都以着旗袍作为时尚，并逐渐成为中国近代最有代表性的女性服装。

20世纪30年代是旗袍的巅峰时期，西方的服装元素越来越多地融入旗袍的剪裁和设计中。中西结合的旗袍以贴合身材、展示曲线、表现性感为美，旗袍的选料、设计、制版、工艺等无不趋向于这一着装标准。这一时期女性的观念逐渐开放，她们的身材和旗袍也完美地融合起来。随着穿旗袍的女性越来越多，旗袍成了女性时尚服饰

❶ 图片来源：搜狐网。

的典型代表。当时"越是摩登，到有十分之四是裸着小腿或是大腿的，外加一件紧夹裹身，薄如蝉翼的纱旗袍。"❶受到西方审美的影响，对于旗袍袖子的长短，也是几经变化，"目下有一班爱好摩登的姑娘，竟把袖子砌掉了，把两臂显露，这是非是脱胎于外国女子的夜礼服，这是无袖旗袍的发现时代。"❷旗袍袖子式样从长袖到短袖再到无袖，不断交替变化。

旗袍在这一时期时装表演中非常普遍（图3-6~图3-8），在报纸、杂志的封面以及内页出镜率较高（图3-9~图3-11）。1938年以后，由于战争的原因，刊物中关于女明星旗袍的信息较少，旗袍的变化趋于缓慢，但也出现了材质改良旗袍，吸取了西方服饰的特点，运用西方的技术，采用很多新材料，使旗袍更加贴身，旗袍风格和细节更加趋于简洁实用，款式也更加现代化。

图3-6 时装表演中穿着鸿翔时装旗袍的明星❸

图3-7 时装展览中的布衣旗袍❹

---

❶ 琪玲. 新纪录［N］. 申报，1933-8-8.
❷ 尤怀皋. 十五年来妇女旗袍的演变［J］. 家庭星期，1936，2（1）.
❸ 图片来源：搜狐网。
❹ 图片来源：佚名. 时装展览［J］. 图画晨报，1933（50）.

图3-8　永安公司时装表演中的旗袍装的新样❶

图3-9　《良友》部分封面女性旗袍形象❷

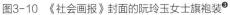

图3-10　《社会画报》封面的阮玲玉女士旗袍装❸

图3-11　《中华》上海1935年新式旗袍❹

---

❶ 图片来源：永安摄影室. 永安公司时装表演中的旗袍装的新样［J］. 特写, 1936（4）: 26.

❷ 图片来源：百度图片。

❸ 图片来源：佚名. 本月廿九日参加百乐门时装表演之阮玲玉女士［J］. 社会画报, 1934（33）.

❹ 图片来源：佚名. 新式旗袍：钟洁明女士［J］. 中华（上海）, 1935（35）: 20.

20世纪40年代旗袍的整体风格主要是方便、简洁、优雅，衣领和下摆都比较低，下摆线到小腿中部，剪裁合体，并且开始出现大量的西方时尚配件，如拉链、暗钩等，在腰部、胸部、背部等处省道运用广泛，据当时的史料记载，"旗袍的腰间、胸前、后背都是模仿西服式的，比着身材缝进一些小褶子，这样一来，穿上衣服比较合身，而且能加强身体的曲线。"❶20世纪40年代中后期，旗袍还广泛运用了西式的装袖和垫肩。如1947年上海《申报》谢宝珠在"今年的时装"篇中描述她们的衣服长袖都做西装袖（即袖子装在肩上），小袖口，禁开在肩上，肩上垫少许棉花。❷这一时期旗袍面料越来越多样化，款式设计也越来越实用，既体现了女性的优美形体，也满足了日常生活需要。20世纪40年代中后期，因受战争影响，国内经济萧条和物质匮乏，大众对旗袍已经不像以前那样追逐和讲究了，旗袍走过了最鼎盛的时期，样式的更新变化缓慢，基本上向实用、简朴的方向靠近。

旗袍以其经典的外观、流畅的线条、儒雅的风格成为中式女装的代表，在西方服饰的影响下，旗袍的款式发生了无数次的变化，从领口的高低到袖口的大小，再到开衩的高矮、下摆的长短等，可谓花样百出，令人目不暇接。

三、西式服装

20世纪初期，受西方思想和设计的冲击，中国人的服装穿着习惯发生改变。1926年，周瘦鹃在《上海画报》刊登了《新装列艳记》的报道，描述1926年上海联青社时装表演的状况："上海联青社诸子、揣摩风气、善与人同、遂有新妆大会之举行，则与会者均为名门闺秀，分游戏服、跳舞服、夏服、秋服、冬服、午后服、晚礼服、并花女与新人之服、登场十四人、争妍斗艳、五彩纷呈。"❸由此看出，这场时装表演展示的服装主要是西式的服装，可见当时的西式服装已逐渐被时髦女性接受。西方的流行时尚，成为东方时尚女性关注的焦点。如《号外画报》在1934年刊登美国时装电影《时尚1934》中的时装表演照片（图3-12），《良友》也开辟了欧洲时装专栏，多次刊登欧美流行的四季时装款式。为国内时髦女性提供借鉴的范本。

---

❶ 李燕, 刘文. 由张爱玲的《更衣记》见民国时期的旗袍款式演化［J］. 山东纺织经济, 2018（2）: 32-33.

❷ 谢宝珠. 今年的时装［N］. 申报, 1947-12-5.

❸ 张竞琼, 钟铉. 西风东渐潮流之下的声音——兼论上海民国时期服装评论的题材［J］. 丝绸, 2006（1）: 48-51.

图3-12　《号外画报》刊登的国外时装模特❶

1. 西式连衣裙

20世纪30年代是西式连衣裙穿着率较高的时期。日常穿着的西式连衣裙款式丰富，裙长大多在小腿中上部，裙子下摆设计多样，有斜线设计、波浪变化、褶裥设计等，裙袖也是不同长度和形状的变化设计，如泡泡袖、喇叭袖等（图3-13、图3-14）。

图3-13　穿着西式泡泡袖连衣裙的陈云裳女士❷　　图3-14　穿着西式连衣裙的名媛❸

---

❶ 图片来源：佚名."云裳艳曲"之时装表演［J］.号外画报，1934（100）：1.
❷ 图片来源：搜狐网。
❸ 图片来源：搜狐网。

2. 礼服

礼服是20世纪20年代末到40年代时装表演活动中出镜率较高的服饰之一，是时尚女性社交时的穿着，长度拖地，有时礼服还有更长的拖尾。20世纪30年代，巴黎等地的新式服装在出现三四个月后即可流行于上海，影星、名媛贵妇等都走在时尚的最前端，当时，不仅是报纸和杂志对此进行了宣传，时装公司以及百货公司等也纷纷举办服装表演活动（图3-15、图3-16）。

图3-15　1933年中国国货公司时装
大会中的部分礼服 ❶

图3-16　1934年鸿翔公司与百乐门
时装表演中的部分礼服 ❷

3. 半身裙

除了连衣裙，还有西式半身裙。半身裙大多款式比较简洁，长度到小腿中部至脚踝。穿西式半身裙大多搭配西式衬衣或者针织衫。

4. 舞服

20世纪30~40年代的时装舞服多为裙装，设计上多使用加荷叶边，下摆量增大，呈喇叭形，以方便跳舞时四肢的活动及增加飘逸感。舞星多在舞场、时装表演场合穿着。

---

❶ 图片来源：大同照相馆. 国货时装［J］. 中华（上海），1933（18）：27.
❷ 图片来源：王开. 最新时装［J］. 大众画报，1934（14）：22.

　　5. 婚纱

　　20世纪初期，西方文化对中国的影响较大，婚纱在国内也随之出现，一些信奉基督教的海外留学者选择在教堂举行婚礼。1927年12月1日在上海大华饭店举行的蒋介石与宋美龄的婚礼广为人知。宋美龄所着婚礼服由鸿翔和云裳两家时装公司裁制，《申报》有两篇报道说明："新娘礼服由云裳公司专制一袭，江小鹣君绘样，张景秋君亦制云裳垫十种，式样新颖美丽，由该公司赠与宋女士。"❶"新夫人宋美龄女士所著之婚礼宴服等均为敝所（鸿翔）承制。"❷这种女性婚礼服在当时风靡整个中国上层社会，至今仍影响中国当代女性的婚礼服装。

　　婚礼服在服装表演中也是多次出镜，如1930年国货时装表演以婚礼服作为压轴出场；上海永安百货公司时装表演中也有结婚仪式一幕等。从20世纪30年代开始，女性的婚纱款式丰富多样，从服装形制来看，有长袖、短袖和无袖，有短款、长款和拖尾款；从整体造型来看，有西式婚纱，也有本土和西式集合的婚纱。据记载，仅1935年，上海一地便举行了五届集体婚礼，参加者多达399对。❸集体婚礼在当时是一种时尚，使婚纱进一步深入人心。20世纪40年代，由于社会动荡、连年战火，婚礼服逐渐趋于匿迹。

　　6. 西式裤装

　　中国传统社会非常排斥女性着裤，而随着近代女性服饰变革发展，裤装竟然逐渐成为女性的服装样式之一。由于裤装利于行走和日常活动，并且符合当时社会的审美取向，影响了20世纪初期以及现代社会许多女性的服装款式。

　　20世纪30年代，受欧美女士运动服装以及少数美国好莱坞明星穿着裤装的影响，西式长裤开始流行，其休闲舒适性逐渐被城市女性接受。当时的西裤已有运动长裤、运动短裤、西装长裤、西装短裤等多种类型。女式西裤多与西式衬衫、运动衣、休闲服等搭配，如1935年永安公司、美亚绸厂联合举行的夏令时装表演中，永安公司女职员展示运动装外罩短大衣和运动衣（图3-17、图3-18）。20世纪40年代，城市女性骑自行车风气日盛，加之方便运动，上衣下裤的服装制式开始流行，开启了中国女装新的一页。裤装是现代社会女性重要的服饰形式之一，女裤的流行，对现代女性服饰的发展意义重大，影响深远。

---

❶ 梅生. 中美姻缘小志［N］. 申报，1927-12-1.

❷ 佚名. 鸿翔公司参观记［N］. 申报，1927-12-18.

❸ 王宏付. 民国时期上海婚礼服中的"西化"元素［J］. 装饰，2006（5）：20-21.

图3-17　永安公司1935年时装表演中穿着裤装的女营业员❶　　　图3-18　穿着裤装的胡蝶女士❷

7. 西式衬衣

20世纪30年代到40年代中期，时髦女性穿着西式衬衫的频率比较高，且衬衫的款式丰富多样，大多为白色的翻领衬衫，领形有荷叶边或尖领，既可以单独穿着，也可以与马甲和西装外套搭配，还可以搭配西裤或者西式裙装，体现出干练的精神状态（图3-19）。

8. 西式大衣

西式的大衣一直受到时尚女性的喜爱，可以穿在旗袍外面，也可以穿在套装外面。西式大衣长度不等，款式多样，设计独特，风格各异（图3-20、图3-21）。20世纪30年代到40年代末流行裘皮大衣，但由于价格昂贵，穿着的人群主要是女明星和名媛。裘皮大衣的衣长较长，可达小腿中部至脚踝位置，大衣内搭旗袍，体现出一种雍容华贵的气质。

图3-19　穿着衬衣的阮玲玉女士❸　　　　　图3-20　1932年的流行时装大衣❹

❶ 图片来源：时装表演［J］. 中华（上海），1935（35）：18.
❷ 图片来源：时装展览胡蝶女士之男装［J］. 图画晨报，1933（50）.
❸ 图片来源：搜狐网。
❹ 图片来源：郎静山，卡尔登. 流行时装［J］. 时代，1932（7）.

图3-21　1949年的西式大衣❶

9．运动衣和泳衣

20世纪初，包括体育在内的西方文化观念逐渐流行起来。1914年，第一届全运会正式确定运动员穿着背心短裤参加比赛。穿着背心短裤的女运动员第一次出现，是在1930年的全运会上；1932年中国第一次有选手代表中国参加奥运会，关于运动的理念也逐渐被人们所接纳。

20世纪20年，代女子运动开始盛行。运动不仅改变了中国女性体质，也促进了时装审美的变化。女性的时装风格从之前的娴静、雅致向活泼、健美过渡。这时期女子运动服饰不分类别，大多为短袖上衣和黑色裙裤，但随着体育运动的发展，服饰颜色和样式也逐渐丰富（图3-22、图3-23）。在众多体育项目中，人们较为关注的当属女子游泳运动，如第五届全运会金牌大满贯得主——"南国美人鱼"杨秀琼，游泳运动以及泳装成为媒体报道的亮点。这一时期的女子体育运动服饰的发展是中国服饰史上的一次进步。20世纪30年代，国家提倡健康美，鼓励体育运动，加之女性的思想越来越开放，使得泳装照片盛行，时装表演中也出现了泳装的表演环节（图3-24），尤其体现在名媛与明星敢于展现出自身的形体上。这也传达出一种健康美的观念，在运动中展现出来的自信和曲线美，在一定程度上推进了运动服饰的发展（图3-25）。

❶ 图片来源：佚名. 一九四九年装［J］. 大路画报，1949（1）：29.

图3-22 穿着时尚运动装的影星模特胡蝶❶

图3-23 《良友》画报封面模特的运动造型❷

图3-24 永安公司时装表演中的泳装表演❸

---

❶ 图片来源：陈嘉震. 女明星与运动（胡蝶）[J]. 妇人画报，1935（33）：17.
❷ 图片来源：搜狐网。
❸ 图片来源：永安摄影室. 永安公司时装表演中的游泳装表演[J]. 特写，1936（4）：24.

图3-25　1936年夏季影星游泳辑❶

第三节　妆容与配饰

20世纪初期，在西方文化强烈的冲击下，时尚潮流呈现出兼容并蓄、趋新求变、崇尚洋派的倾向。时尚女性出镜时的妆容在借鉴西方的基础上，也结合自身的审美趣味和民族特点，在发型上大多脱离了传统模式，流行起了短发与烫发。随着新的化妆材料和新技术不断引入中国，化妆造型与当时国际美容美发的时尚潮流汇合。

一、化妆

受西方审美观念的影响，国人思想开始解放，从当时流行的月份牌、电影以及报纸杂志广告中，可以看到新女性独立、自信的形象特点，在妆容中表现为简洁、优雅、多样性。20世纪20年代中后期我国女性的化妆特点是：脸部肤色比较白皙，以圆润脸部为美，流行柔和的线条，突出又细又长的眉毛。这一时期的眉形流行平直甚至向下的柔和弧度，眼部妆容线条自然流畅，眼影的颜色为偏棕色的深色系眼影（图3-26）。

20世纪30~40年代，由于好莱坞电影的影响，女性的妆容较之前高雅华丽一些，注重五官立体感的表现，线条大多表现出女性婀娜多姿的美，而细致的睫毛和半月形的眉是当时时髦女性的特点，唇部线条分明，依据唇形的大小涂抹均匀饱满（图3-27）。

20世纪40年代后流行高贵典雅、端庄稳重的太太形象，这也是对当时审美观念和

---

❶ 图片来源：佚名. 夏季影星游泳辑：梁赛珊，王慧娟，貂斑华［J］. 特写，1936（6）：11.

心理向往的充分体现，眉形自然柔和而弯曲，纤细高挑，清丽可人，但不再侧重眼线与眼影的描画，而是强调唇部线条，表现艳丽而稍丰满的唇形。

图3-26　1926年上海联青社时装表演中的　　图3-27　20世纪30年代的旅美影星黄柳霜妆容❷
　　　　　范夫人新妆❶

二、发型与帽子

随着近代女子教育的发展，女子出国留学的人数越来越多，这些女性的视野更加开阔，思想也更加进步。她们在改变外观形象的同时，也希望通过改变传统意义的象征符号——长发，来表达自己对传统思想与观念的反抗。

20世纪20~30年代的发型分保守派和新潮派两种风格。保守派以发髻为主，如两把头、空也髻、元宝髻、刘海等。新潮派多剪发或烫发。时髦女性发型除短发外，还有一种辫发式头发，也是当时主要的发式之一，还有一些时髦女性还会把发尾烫卷（图3-28）；画家叶浅予曾将1929年的女性流行发型用绘画的形式发表（图3-29）；一些报纸杂志开始对女性烫发做宣传和介绍方法（图3-30）。

图3-28　1929年电影界的流行发型❸

❶ 图片来源：佚名. 范夫人［N］. 天民报图画副刊，1926-12-4.
❷ 图片来源：佚名. 黄柳霜［J］. 电影海报（上海1933），1935（19）：21.
❸ 图片来源：佚名. 电影界发式一斑［J］. 上海漫画，1929（79）：6.

图3-29　叶浅予绘画1929年流行发型❶

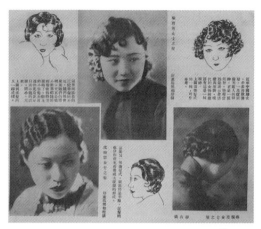

图3-30　《上海漫画》对烫发的部分介绍❷

　　20世纪30年代初，受西方影响，国内城市女性烫发广泛兴起，以明星名媛率先引领时尚，流行的烫型有浪漫卷发、短波浪、长波浪等，一般为偏分或三七分，大多是把头发别在耳后，或固定，或稍微露出耳朵来衬托脸形❸（图3-31）。

图3-31　参加1930年国货时装表演的名媛大多为短发或烫发❹
（图中自右至左：画家梁雪清女士、叶更妙、李金容、叶更好、郭安慈、高凌华诸女士合影）

❶ 图片来源：佚名. 电影界发式一斑［J］. 上海漫画，1929（79）：6.
❷ 图片来源：佚名. 女髮专号［J］. 上海漫画，1929（79）：1.
❸ 李明星. 时代变迁中的女性形象研究——以民国卷烟包装为例［J］. 创意设计源，2019（2）：4-8.
❹ 图片来源：佚名. 在大华饭店表演国货时装后穿便服与友好游园之诸位女士［J］. 时事新画，1930（4）：1.

随着烫发的流行，各种发网和帽子也流行起来。1933年，《北洋画报》刊登了当年巴黎流行的帽子款式，主要以小帽子为主，其中包括贝雷帽、船型帽、钟形帽、盒型帽等。同时，佩戴方式也有较大的突破，由传统的扁平式佩戴变成了斜式、挡眼式的戴法，帽子必须在头部凸显出来，强调帽子的存在，而女明星戴着帽子，眼睛被帽檐遮住一半，若隐若现，给她们增添了几分妩媚感。

20世纪30年代，城市女性戴帽子的情况并不是很多。主要原因是因为这一时期旗袍是女性的主要服饰，而穿旗袍并不适合戴帽子。明星或少数时尚女性只在搭配洋装时才佩戴帽子，作为发型的时尚配饰（图3-32）。随着20世纪40年代女性对旗袍热度逐渐减退，时尚的帽子才开始流行于大众女性中（图3-33）。

图3-32　胡蝶女士1935年穿裘皮大衣戴礼帽
形象（图片来源：搜狐网）

图3-33　1940年春，戴时尚礼帽的上海
时髦女性（图片来源：网易）

三、高跟鞋与丝袜

女性鞋子的革命，自缠足的废止开始，同样经历了几十年的变革。这一过程中具有典型代表意义的就是高跟鞋。女性穿上高跟鞋，能够展现出高挑挺拔的身姿，提升气质，更加自信，在当时的男女社会关系中，通过改善自身形象，提高社会地位，赢得男性的注意和尊重，争取到一定的社会话语权。女性时尚潮流元素流行的背后，是女性与社会关系的微妙变化。

20世纪20年代，在西方时尚文化的影响下，高跟鞋逐渐成为女性搭配旗袍、裙装、洋装的主要穿着，尤其是在进行时装表演或拍摄时装照片时，高跟鞋的出镜率已经远高于其他鞋子。女明星也是高跟鞋的示范者和引导者，早期女明星的高跟鞋款式单一，没有过多的修饰，鞋跟的高度不等。

20世纪30年代，高跟鞋已经成了女性展现魅力的必需品。"体形既显出窈窕，而臀部乳部，也自然增高，不但曲线美呈现，走起路来，脚下不稳，自可摇曳生姿。"❶在当时，能够穿高跟鞋的女性必须是天足女性，这可以证明，从裹脚到高跟鞋，是中国社会的一大进步，推动了中国女性的解放和思想独立。20世纪30年代中期，随着高跟鞋的普及，上层社会更是将高跟鞋看作社交服饰中必备的装饰。女明星、名媛贵妇出入各种社交场所时，一定要穿着时尚的高跟鞋，这样才能显得体面且受人尊重。高跟鞋作为时尚配饰的重要元素之一，因为具有增加美姿的功效，深受时尚女性的喜爱。

随着高跟鞋的流行，丝袜也成了女性展示时尚魅力的元素。在好莱坞女明星的影响下，高跟鞋配丝袜的性感穿法很快在上海以及大城市流行起来。高跟鞋、丝袜成了时尚女性不可缺少的时尚品。

高跟鞋与丝袜的搭配不仅是时尚的代表，也是女性的专属。如果说旗袍代表了女性的身体解放，那么高跟鞋、丝袜就相当于女性的个性解放。女性穿上高跟鞋后，就不由自主地挺胸昂头，自信满满，可以说高跟鞋比洋装更能增加女性的时尚魅力。在男权为主导的社会，女性还是受到男性的控制，渴望得到男性认同和关注。因此，女性通过追求时尚生活方式来改变自身的命运，从而得到社会的尊重和认可。

四、20世纪初期女性服装的审美转变

20世纪初，随着社会变迁，女性服装的审美发生了很大的变化，女装的种类变得更加多样。女性开始参与社会活动，女装的实用性受到了极大的关注，是中国服装审美特征的具体体现。

1. 由单一审美向多元审美转变

这种转变首先体现在女装由单一类型的服装审美向多元化的转变。20世纪初期的女性服装比较局限于袄裙装、上衣下裤、改良旗袍等。随着时尚观念的变化，女性服装出现了较多流行款式，女性以穿着时装为美，尤其是城市女性对服装的要求更高。这一时期，思想开放的明星、名媛、女学生成为服装流行的倡导者和推动者。

2. 由社会功能向实用审美转变

中国古代服装首先是为了遮盖身体而设计，政治制度也一定程度上限制了服装的发展。20世纪20年代后，中国的传统服饰制度取消，人们开始追求服装美感并且减弱

---

❶ 西贝. 高跟鞋［J］. 天津商报画刊，1936，17（49）：1.

了服装的装饰手法，引进和借鉴西式服装，并根据穿着的场合不同对服装进行分类，使服装不再具有明显的等级观念。

3. 由平面审美向立体审美转变

中西服装造型的差异主要体现在平面和立上。西式服装突出人体，尽可能塑造出立体的造型。中国传统的服装是袖子和衣身连裁连制，融为一体，服装的整体结构相对简单。随着西方立体结构裁剪理念的引入，近代中国先后以欧洲造型服装为样板，对原有服装进行改良，塑造立体效果，追求更有层次的美，出现更多改良后的中西元素结合的新服装。20世纪初，女性的审美转型对当代中国女装和服装表演的发展具有借鉴意义。中国的女性解放运动对女性的观念和审美产生了巨大而深远的影响。女性在工作领域与男性共同竞争，因此，具有功能实用性的服装对女性而言更方便有效。"中体西用"是女装审美发展的必由之路。[1]改良的旗袍是中西合璧的产物。在服装时尚全球化的今天，要向世界展示中国服装，就必须培育具有传统文化精神内涵的服装审美文化，从而形成独具魅力的"中国特色"。

---

[1] 郭天真. 民国时期女性服装审美转变研究［J］. 美与时代（上），2016（1）：106–108.

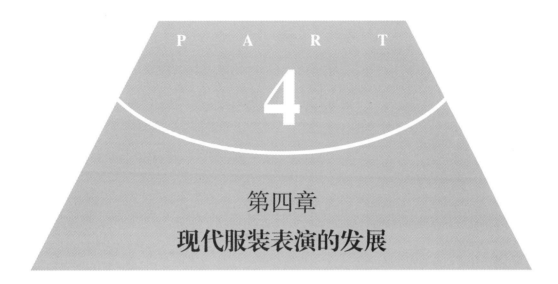

P A R T

4

第四章

现代服装表演的发展

服装表演反映了不同时代以及不同的社会文化内涵。改革开放以来，服装表演复苏并迎来了快速发展。政策的支持、经济的发展、社会风气的开放，都为服装表演的发展提供了肥沃的土壤。服装表演给服装行业带来了经济效益，展示了中国服饰文化，美化了大众的生活，也带动了周边很多行业的发展。

第一节　中华人民共和国成立后至改革开放前

中华人民共和国成立后，各行业发展迎来了好时机。然而，服装和服装表演并不繁荣。服装表演退出了人们的视线，在中国几乎停滞了30年，直至改革开放后才再次复苏。

一、中华人民共和国成立后服装表演销声匿迹的原因

1. 意识形态转变

20世纪初，中国的统治阶级代表的是资产阶级，在这样的社会背景下，他们不顾百姓生活艰苦，自己却习惯于物质追求，追逐西式时尚、新潮时尚。中华人民共和国的成立标志着以工人阶级为代表的无产阶级政权的建立，无产阶级人民提倡"艰苦朴素"的作风。大众之间流行的服装款式及颜色都很简单统一。当时社会上有一种普遍的论调，认为穿朴素的服装才是正确的，穿时装则会被认为存在"资产阶级思想"，

是腐朽思想的象征。

2. 经济低迷与战时思想延续

革命战争时期，生活环境十分艰苦，没有条件讲究服装款式。革命工作者都是统一供给衣服的，为了战时工作方便，男女服装款式色彩基本一样。中华人民共和国成立初期，大众对服装款式需求量低，成衣业不发达。服装表演作为传播服饰文化、营销服装的媒介，失去了生长环境，因此在这个时期，服装表演退出了大众的视线，进入到发展的低潮时期。

二、中华人民共和国成立后的服装与审美

中华人民共和国的成立开创了中国历史的新纪元，服装造型也呈现出新的趋势。一方面，服装趋向革命化，中山装以其革命性和现代性成为当时流行的男性服饰，相比之下，西装和旗袍则日渐式微；另一方面，服装整体风格以简约、实用为主。中华人民共和国成立初期，国家提倡节俭的社会风气，服饰风格较少，且颜色主要是灰色、黑色和蓝色。日常生活中，女性一般不化妆，少佩戴首饰，女性的发型以短发或发辫为主，烫发较少，男性以平头为时髦。鞋子大多为自制布鞋，也有解放鞋、胶鞋、皮鞋，女性的鞋跟大多是平跟或低跟。❶

以地区为界，一线城市服装时尚度最高，布拉吉、苏式大衣、列宁装等潮流服饰风靡一时，尤其是在1956年"花衣服"热潮掀起之后，各式花布连衣裙，花旗袍常被穿着；而经济发展程度较低的三线城市服装更新缓慢。随着新观念的形成，代表新生活的"革命制服"以及"苏式服装"风起云涌，成为20世纪50年代的主流服饰。❷

1. 审美观的改变

近代以来，妇女解放运动不断提高妇女在社会关系中的地位。随着女性意识的觉醒，女性有了自己的审美标准。新中国成立后，无产阶级的审美观成为审美的主流。中国的革命是无产阶级的革命，无产阶级只有通过武装斗争和劳动生产，才能消灭剥削，过上独立自由的生活；而武装斗争和劳动生产这两者也影响了女性的审美。在革命战争年代，女性以斗争为美，其突出的表现是献身革命。中华人民共和国成立后，国家面临着发展工农业生产和恢复国民经济的艰巨任务，妇女作为劳动力资源受到重视。在这一时期，女性形象的塑造和审美以劳动为美。❸正如《人民日报》中一篇文

---

❶ 蔡磊. 服饰与文化变迁［D］. 武汉：武汉大学，2005.

❷ 罗亦乐. 1956年前后我国服装及演变规律与成因研究［D］. 无锡：江南大学，2014.

❸ 李琳. 新中国成立后30年（1949—1978）女性服装发展史研究［D］. 北京：北京服装学院，2017.

章中所谈到的："我们眼中的美，是劳动，是雷锋那样红色的思想、纯洁的灵魂；我们眼中发型和服饰上的美的原则，是朴素、大方、整洁、方便。这是劳动人民的审美观，是真正的美。这种美，体现了我们国家的人民奋发向上的精神面貌，也正体现了我们年轻一代的健康成长。" ❶

中国各朝代有不同的审美观念，对女性的审美标准也各有不同的侧重点，整体来说，一直是要求男性坚韧果敢为刚、女性温婉善良为美。中华人民共和国成立后，国家颁布实施了一系列法律法规，保障妇女在经济、政治、文化和社会生活中享有与男子平等的权利。随着妇女解放运动的发展，越来越多的妇女走向社会，积极参与各种公共事务，成为社会生活的中坚力量。由于新社会的需要，女性的社会地位和社会角色都有了新的定位，女性形象也得到了重塑，五官、身材和精神气质都呈现出与男性并行的趋势。

2. 西装与旗袍的衰落

20世纪初流行的旗袍与西装，在中华人民共和国成立后逐渐衰落。在20世纪50年代初，一些资本家和艺术界人士仍然保留着穿西装的习惯。随着资本主义工商业改造的完成，西装暂时退出服装历史的舞台，不少服装店开业将销售西装改为销售中山装。20世纪50年代初，许多女性仍将旗袍作为正式服饰，体现在公众女性在出席重大活动或出国访问或演出时，会选择中国旗袍穿着及展示。到了20世纪50年代末，服装的发展回到了简单实用的风格。

3. 苏式服装的兴起

苏联是中华人民共和国成立后第一个与我国建立外交关系的国家。两国密切的政治经济交流也带来了服饰文化的交流。列宁服、布拉吉、苏式大花布衬衫等苏式服装为当时中国的服装注入了新鲜的活力。列宁服实际上是一件西装领双排扣斜纹布外套，有单层也有夹棉，有的加一条同色系的腰带。列宁服形式新颖、简单、利落。很快，这种象征思想进步的革命性服装受到了各阶层女性的欢迎。列宁服成了新时代女性追求进步的象征。

布拉吉是俄语连衣裙的音译，这种裙子有前襟、后襟或侧襟，泡泡短袖，细褶、收腰可以充分展现女性的腰身，此外还有圆领、方领和V领等多种造型，并配有一些花边、蝴蝶结和丝带作为装饰，整体造型美观、大方、活泼，色彩鲜艳多变，满足了女性爱美的心理，因此受到各年龄段女性的欢迎。20世纪50年代后期，随着国际形势的

---

❶ 梅原. 头发·服装·美［N］. 北京：人民日报，1964-4-20.

变化，之前流行的列宁服、布拉吉等苏式服装也不可避免地远离了人们的日常生活。

4. 短暂且多样化的服装展览

服装表演的出现与服装业的发展及人民对服装数量、式样的需求是有直接关联的，在中华人民共和国成立后至改革开放前这段时间，服装的政策宽松仅在1955~1956年有过短暂的多样繁荣，也有一些服装展览的静态展示。

随着社会变革和文化变异的发生，20世纪五六十年代的服装发展轨迹出现了逆转。20世纪40年代的上层社会服饰面临继承与摒弃的双重选择，20世纪50年代初，男女不分的制服装扮是经济上绝对平均主义的象征，因此，服装呈现单一、简朴趋势。然而，太过简朴的服饰无法体现欣欣向荣的社会主义新面貌。因此，20世纪50年代中期，全国自上而下开始推行"花衣服运动"，改变之前单调的服饰局面，形成了中华人民共和国成立后服装发展中"短暂的春天"。而这一时期倡导的是一种健康、大方、简洁的美。

第二节　改革开放初期中国服装表演业的初创

十一届三中全会的召开是改革开放的标志性事件。中国开始实行对内改革、对外开放的政策，人们的思想得到了解放，服装业在开放的社会环境下逐渐发展起来。1979年，皮尔·卡丹首次将服装表演带入中国后，中国的服装表演行业再次发展并日趋成熟。

20世纪30~40年代，中国的服装表演非常精彩。中华人民共和国成立初期，物质资源匮乏，社会崇尚艰苦朴素，服装行业相对萧条，服装表演得不到发展的空间。随着十一届三中全会的召开，人们的思想得以解放，社会环境变得开放，服装行业的发展也给了服装表演良好的成长环境和发展空间。

一、政治与审美改变

1979年6月，中央领导人在十一届三中全会后分析经济发展政策时指出：服装产业与国计民生息息相关，关系到出口创汇，要更加重视和优先发展。中央政府对民生及服装行业的重视，引导着人们思想的解放，服装行业的发展有了政策的保障。

随着布票的取消，自制服装已经不再普遍，更多的人选择去百货公司购买成衣。1978年夏天，外国记者在《基督教科学箴言报》上描述了北京街头的变化："灰色和蓝色仍然是标准的服装颜色，但女性蜂拥到百货商店从有限的供应品中购买服装。在城市，卷发和电烫发型开始流行，北京排队最长的地方是理发店。"❶电视和电影已经逐渐成为传播时尚的媒介，人们对外界的接触进一步增加。20世纪80年代初期，电视还不太普及，人们的娱乐方式包括去电影院看电影。电影中的服饰也成为大众模仿的对象。1982年，日本电视剧《血疑》在中国播出，影片中幸子的服饰让中国女性眼前一亮；在国产电影《庐山恋》中，女主角换了十几件衣服，可以称为小型服装发布会（图4-1），追逐时尚的女性按剧照服装找裁缝定制裁衣；电影《街上流行的红裙子》讲述了纺织劳模与漂亮裙子的冲突，这部电影是那个时代中国服装革命的写照（图4-2）。改革开放打开中国的大门，中国女性不断地审视自身的形象，审美也发生了极大的变化。中国女性开始追求体现女性特点的服装款式、色彩、风格，女装呈现出多元化、多色彩的面貌；受电影的影响，喇叭裤、蛤蟆镜的出现引领20世纪80年代的新潮，打破了中国服装的"统一制"，受到年轻人的追捧。1984年，中国女排在奥运会上获得三连冠时，运动装开始流行，人们倾向运动休闲风格装扮。宽松、舒适、健康的运动装成为人们陶冶情操、调剂生活的时尚服装选择。

图4-1 电影《庐山恋》中的部分女性服饰
（图片来源：中国日报网）

图4-2 电影《街上流行红裙子》中的女性服饰（图片来源：搜狐网）

20世纪80年代末，蝙蝠衫和健美裤成为最流行的服装搭配，健美裤在20世纪90年代仍然流行了相当长的一段时间，凡是女生，无论年龄以及身材，几乎人人都穿，大街小巷出现前所未有的统一。改革开放后，开始了中国服饰发展的春天与中国人时尚观念的复苏。人们看到多样化服装以及配饰的流行，随着经济的发展和政策的开放，西方文化时尚迅速进入中国，传递着最新的时尚信息。

二、皮尔·卡丹的来访

皮尔·卡丹在1978年冬天抵达中国时，当时街道上还满是军绿色、灰色和藏蓝的

---

❶ 丁三. "在中国，服装也是政治"［J］. 时代教育（先锋国家历史），2008（1）：16-21.

服装。皮尔·卡丹看到了中国市场的潜力，那年冬天，他萌生了在北京举办服装发布会的想法。然而事情并非那么顺利，需要提交申请报告，当年年底，由纺织工业部牵头，外贸部、轻工业部参与，进行了"三部会商"。几次会商后，这个报告还是搁置了。1979年4月，国务院提出加快轻工业的发展，其中服装业名列前茅。当月，外贸部门邀请皮尔·卡丹前来推广服装贸易。1979年，皮尔·卡丹携12位外国模特在北京民族文化宫举办了一场服装展示会（图4-3）。这场服装表演有着划时代的意义，皮尔·卡丹是首位在中国举办服装表演的国外服装设计师，让中国人对时尚有了丰富的想象，也让世界看见了中国（图4-4）。在当时那个相对保守的年代，对参加服装展示会有很多限制性的要求，如演出不能报道、不能宣传，要尽量低调；不对大众开放，仅限服装界、外贸界人员及服装设计专业人员进行内部观看。这场服装表演是改革开放后服装表演业的先河。

图4-3　皮尔·卡丹1979年的时装展示会❶

图4-4　1979年穿着皮尔·卡丹的夹克的外国模特（图片来源：新华网）

---

❶ 图片来源：法国时装表演团在北京表演［N］.新华社新闻稿，1979（3340）：15.

为了扩大国内服装出口市场，将中国丝绸推向海外，皮尔·卡丹建议应该让具有中国面孔的服装模特在国际舞台上展示中国的服装。模特在当时对大多数中国人来说是一个非常陌生的词，有些甚至带有贬义，所以组建服装表演团队是非常困难的。宋怀桂女士是法国服装品牌皮尔·卡丹的中方首席代表，因此，挑选模特并组建服装表演队成了她当时的主要任务。尽管在组建服装表演队的过程中遭到了多次拒绝，但在1980年还是成立了中华人民共和国历史上第一支服装表演队，开始了一系列的培养训练。皮尔·卡丹在1981年3月18日北京饭店第一次公开服装表演中启用中国模特并精彩地完成了演出，当时北京饭店被多家媒体围得水泄不通。这场演出在全世界掀起了巨大的波澜，占据了包括《纽约时报》、《时代》周刊、《大公报》、《泰晤士报》在内的知名媒体的头条（图4-5）。

图4-5 皮尔·卡丹1981年在北京饭店第一次公开时装表演❶

1985年，应皮尔·卡丹邀请，12位中国模特首次获准出国演出，在世界面前展现东方形象的魅力。正是这次法国巴黎之行，扭转了人们对中国服装的刻板印象。中国模特第一次走上国际舞台，开启了中国时尚产业发展的篇章。许多外国媒体刊登了中国模特在法国举着五星红旗的历史照片。中国人意识到，服装不仅满足于人们简单的需求，也需要展示个性主张，有所追求。

在皮尔·卡丹入驻中国后，更多的国际时尚品牌也开始入驻中国，中国的服装行业发生了翻天覆地的变化。皮尔·卡丹开启了中国服装表演的旅程，他先后40余次来中国举办服装表演，也开启了服装表演室外场地的成功运用，如1990年在北京太庙举办的皮尔·卡丹时装发布会（图4-6）；2007年10月20日，皮尔·卡丹在中国敦煌鸣沙山精彩上演了2008春夏时装发布会，发布会主题是"马可 波罗"，包括"威尼

❶ 图片来源：思民.他怎么来的中国皮尔卡丹档案传真［J］. 商业文化，2001（3）：67-73.

斯""丝绸之路""人间仙境"三组分主题（图4-7）；2016年，皮尔·卡丹再一次选择了在中国西部地区——甘肃省黄河石林国家地质公园，作为2017年春夏时装发布的地点（图4-8）。选择地域性突出的场地举办的服装表演，将浓浓的中国风情深深地印刻在人们的心中，让世界真正了解中国。

2018年9月20日下午，皮尔·卡丹在长城举办了入驻中国40周年主题展。服装表演的主题是"卡丹红"，这不仅是对品牌入驻中国40周年的献礼，更是对改革开放40周年的致敬（图4-9）。

图4-6　1990年皮尔·卡丹北京太庙时装发布会❶

图4-7　2007年皮尔·卡丹敦煌时装发布会❶

图4-8　2016年甘肃省黄河石林国家地质公园
《纯粹的西部放歌》主题时装发布会❶

图4-9　2018年"卡丹红"时装发布会在长城举办❶

三、服装表演队的成立

1. 上海服装公司服装表演队

1980年，时任上海市服装公司的经理张成林在观看了皮尔·卡丹服装表演后，有了组建自己服装表演队的想法，与上海市服装公司负责新品开发的设计师徐文渊沟通之后，跟上级主管部门领导汇报后得到了批准，但是对于模特这个词有所争议，觉

---

❶ 图4-6~图4-9图片来源：新华网。

得不太符合我国国情，后来把称呼定为"时装表演演员"，徐文渊任队长，开始筹办并且为时装表演队挑选"时装表演演员"。在改革开放初期，模特和时装表演都是新事物，没有被大众广泛接受，挑选模特只能"暗中观察"：挖掘身材高挑的、相貌漂亮的女职工。对于身高的标准比较宽松，规定男演员身高179cm以上，女演员身高165cm之上。几经周折之后，徐文渊等人在公司下属的三万名女职工中，挑选出19名队员，其中包括女职工12人，男职工7人。

1980年11月19日，上海服装公司（业余）服装表演队正式成立。徐文渊从上海戏剧学院聘请形体老师来对表演对进行训练。训练2个月之后，1981年2月9日晚，这支表演队在上海友谊剧场举办了首场公开演出。虽然没有媒体发布消息，观众也不多，但是这次服装表演是跨越思想的重要一步，是一场成功的表演。之后这支队伍为公司的服装营销立下了汗马功劳。随着思想的逐渐解放，人们也开始认识到服装表演对于服装营销的重要性，1982年，上海市手工工业局正式批准"上海服装公司（专业）表演队"成立。至此，全国第一支服装表演队成立。❶

1983年，上海服装公司表演队赴北京参加五省市服装鞋帽展销会（图4-10）。此场演出大获成功，引起了首都人民的热烈反响，得到了领导的肯定并向全国宣传，中央电视台在《为您服务》节目中播放了上海服装公司表演队参加五省市服装鞋帽展销会的演出录像。同年5月13日，上海服装公司表演队应邀前往中南海进行表演，当时党和国家领导人观看了演出，演出很成功，得到了中央领导的肯定。《人民日报》发表文章《新颖的时装、精彩的表演》。中央人民广播电台评价"华而不艳，美而不俗，恰到好处"。中国服装表演得到了国家的支持，由此获得了公开走向社会的许可证。❷

1984年，上海服装公司表演队首次在香港演出，展示了130多件上海制造的时装，还系统展示了内地的时装生产设计水平，不仅让观众耳目一新，也让一些服装设计师和服装制造商感到惊讶。❸

1984年，根据上海服装公司服装表演队的故事改编的电影《黑蜻蜓》上映（图4-11、图4-12），该片讲述了秋实服装厂成立服装表演队的曲折与艰辛，最终取得了成功。影片中服装表演的细节可以反映当时的服装表演技巧和表演形式，也可以从侧面反映当时的思想和审美。

---

❶ 徐建中，张建魁. 60年新生活第一人 巨变时代探路者——徐文渊"我的模特儿都是纺织工"［J］. 环球人物，2009（27）：18-20.

❷ 孟红. 新中国第一支时装表演队［J］. 文史博览，2009（3）：60-61.

❸ 顾萍. 服装表演专业高等教育研究［D］.北京：北京服装学院，2008.

图4-10　1983年五省市服装鞋帽展销会上的上海服装公司时装表演队❶

图4-11　电影《黑蜻蜓》海报❷

图4-12　电影《黑蜻蜓》剧照❷

　　表演队成立4年后开始公开招募队员。随着演出团队的扩大，表演队开始走出国门走向国际舞台。1986年，表演队随中国经济贸易团赴莫斯科演出；1987年，中国模特在第二届巴黎国际时装节上首次亮相（图4-13），中国模特和设计师首次参加并以独特风格受到高度赞誉。表演最后，主办方特意安排中国服装表演队单独谢幕压轴。❸

图4-13　中国模特穿着陈珊华设计的礼服亮相巴黎❹

---

❶ 图片来源：徐萍，葛乾巽. 我在新中国第一支时装队当模特［M］. 档案春秋，2018（1）：14-16.

❷ 图片来源：海上电影网站。

❸ 郭海燕. 改革开放初期中国服装表演的历程（1979-1989年）［J］. 服饰导刊，2020，9（1）：33-40.

❹ 图片来源：搜狐网。

2. 北京广告公司时装表演队

上海服装公司表演队正式成立后，北京也开始筹办服装表演队。最早从事服装表演事业的是当年在东城区文化馆的舞蹈老师吕国琼。1983年，吕国琼受上海服装表演队组建与演出的启发，开始筹办北京服装表演队。1983年6月，《北京晚报》公开招聘表演人员。不久，北京市东城区文化馆"服装广告艺术表演班"成立。1986年，经市政府批准，北京市进行了全市模特招募，为北京广告公司和中国丝绸公司联合成立的专业服装表演团队选拔人才。经过面试考核，最终确定了40名学员，后由北京市政府出面，通过联合国教科文组织，邀请美籍华裔模特王榕生为学员进行服装表演的培训。培训结束后，王榕生选出10位成绩突出的学员正式组建北京广告公司服装表演队，并在首场公演中举行了新闻发布会（图4-14）。至此，北京的服装表演队也正式成立起来了。

1987年，北京服装协会和以张舰为法人的北京服装开发公司，成立了我国第一支在工商行政管理部门批准《企业法人营业执照》的服装表演队。1988年8月，北京广告公司服装表演队的彭莉参加了在意大利举办的"今日国际模特大赛"获得冠军，当选为"时装模特皇后"，是中国模特参加国际大赛的第一位冠军（图4-15），给当时国内很多服装表演团队带来了很大的动力。

图4-14　北京广告公司时装表演队

图4-15　中国模特彭莉❶

中国模特不断走向世界，传播着中国文化，外国媒体也对中国模特进行报道宣传（图4-16）。1989年，北京服装表演队参加了柏林"北京周"活动，在当地展览中心表演时，展示服装100多套，包括传统民族服装和流行时装。中国模特出国演出引起了广泛的关注，当地的报刊媒体报道了表演的照片，电视台播出了表演实况。服装表演提升了我国服装出口总额，为中国出口贸易的发展作出了重要贡献。

❶ 图片来源：邓长琚. 第一位获国际奖的中国时装模特——彭莉［M］. 中华第一人，1991：296.

图4-16　1988年国外媒体新闻介绍当时中国模特
（左起：叶继红、刘亚美、郝文慧）❶

　　20世纪80年代中期以后，全国各地纷纷成立了一系列服装表演团队，从体制上看，这些团队隶属于省市纺织局，相当于"艺术团"的性质。20世纪80年代中后期，国家出台了以轻纺带动出口的政策，通过轻工纺织业促进了沿海地区的经济发展。同一时期，国家决定将服装纳入纺织行业管理。1989年11月，"中国服装表演艺术团"作为国家级的演出团队成立，这就是后来中国的第一家模特经纪公司——新丝路模特经纪公司。

四、改革开放初期的服装表演类型

1. 发布会类型服装表演

　　服装表演是服装设计展示中的重要环节，是设计作品的二次创作，也是对成果的生动体现。此类服装表演的目的是传播前沿的服装信息及其独特的设计理念，引导大众的审美趋势，为服装的生产和消费铺平道路。1984年2月，中国丝绸流行色协会召开第二届会员代表大会期间，在上海国际俱乐部举办了1984~1985年流行色丝绸时装表演，共表演15场，接待观众上万人，获得了中外各界人士的高度称赞。1986年11月，中国服装研究设计中心和《中国服装》杂志社联合召开科研大会，首次向国内外发布1987年春夏服装流行趋势。从1987年起，我国每年春秋两季定期举行流行趋势及时装发布会，对相关机构预测的下两个赛季的服装流行趋势进行设计并制成成衣，以服装表演的方式发布。1987年7月，上海举行了第一届大学生服装设计的成果展演，展示了毕业生们3年服装设计学习的成果，向大众传达了新颖的设计理念。以服装流行发布会、设计成果汇报会、学术交流会等服装信息发布类型为主，不仅展示了展示改革开放后服装从业者的前卫思想，向观众传达最新的服装信息，也有力推动了设计师与消费者、生产者的结合，让前沿、时尚的服装尽快融入日常生活。

---

❶ 图片来源：迈尚网。

2. 商业营销类型服装表演

商业性服装表演是服装表演的主要性质之一。商业发布会形式的服装表演包括品牌发布会、服装展销会等，由生产企业或商业单位持有，具有针对性和经济性，起到促销产品和引导消费的作用。品牌发布会类型的服装表演旨在强化品牌形象，占领更多的市场份额。品牌发布会上的服装表演重点展示品牌的风格特点，音乐、舞台设计与品牌服装的整体风格相统一，以衬托展示服装，提升商业形象。服装展销会面向不同的群体，如服装制造商、零售商和普通消费者。面对厂家，服装展销会需要突出面料和配饰，突出新款式、时尚元素等；而面对普通消费者，服装展销会需要了解服装的优势，从而激发购买欲望。

改革开放后商业类型的服装表演，从上海服装公司的表演队开始。1982年，演出团队为客户代表表演了第一场商业发布会，随后又为上海丝绸进出口公司进行了3场丝绸服装的商业演出。在1982年举办的"1983春季服装订货会"上，表演队参演13场，几乎清空了公司的库存。1982年12月，苏联贸易代表团访华，上海服装公司表演队为其展示服装，苏联贸易代表团挑选了51种产品，成交额高达1000万美元。1983年4月，在中华人民共和国轻工业部主办的五省市服装鞋帽博览会开幕式上，上海服装公司表演队的演出场面空前盛大，经过一系列的公开演出，获得了很好的经济效益。随后，服装表演以商业新闻发布会的形式走出国门，为国际平台上的服装销售作出了贡献。1986年上海服装公司表演队随中国经济贸易团抵达莫斯科，参加自1953年以来的首次大型双边贸易活动。经过15天的演出，苏联就订购了830万美元的上海丝绸服装。在看到商业发布会类型服装表演的经济效益后，纺织行业以及服装行业的从业者，开始认识到服装表演的重要性。

1988年8月，首届大连国际服装节开幕式上，得到了国家有关部门的大力支持。首届大连国际服装节既是一项具有经济内容的文化活动，也是一项具有文化色彩的经济活动。服装节期间，共展销各式服装65万件（套），品种规格达8000多个，其中名优新产品占20%，总销售额达1868.5万元。大连国际服装节增强了人们的服装意识，提高了服装欣赏水平，这是经济文化类的大型综合性服装盛会。此次服装节包括展览、行业讲座、设计大赛、服装表演等活动，为之后的中国国际时装周和时装周的发展开辟了广阔的道路。

3. 竞赛类型服装表演

1989年是改革开放的第十年，全国性模特大赛于1989年开始起步。1989年4月，由共青团中央主办的"首届全国青年时装艺术节表演赛"在北京通县（现为北京市通州区）举行，成为中国历史上第一次以"国"字命名的模特大赛。当时的中国对"时装模特"这个词是比较敏感的，很容易将其与"资产阶级生活方式"联系起来。对于在"艰苦朴素"教育之风中成长起来的中国人来说，要接受和承认这样一个全新的职业，其态度是非常谨慎的或者是抵触的。也正因为这样的社会背景，在全国性大赛的宣传中，回避了"模特"两个字，强调"时装艺术"。比赛共有来自"北京服装表演队""上海第七丝绸印染厂时装队""天津服装研究所时装表演队""成都服装表演队""青岛时装表演队""哈尔滨第二毛纺织厂时装队"和"南京丽人岛服装表演队"等国内7个城市的服装表演队参加。比赛分团体赛和个人赛两个项目进行，最终，由张舰和汪桂花当时所带领的"北京服装表演队"获得了团体一等奖，北京模特张锦秋获得了个人一等奖（当时的奖项还没有以冠、亚、季军来命名）。这一次比赛现场除了这七支表演队的领队、参赛者以及东方化工厂的部分职工外，没有更多的观众，媒体也几乎没有过多的报道。这次模特大赛，如果从参赛者只有国内7个城市服装表演队的角度看，并不能称为全国模特大赛，但这在当时中国的社会背景下，是一个大胆的尝试与进步，表明中国的模特大赛已经开始起步。这在中国模特事业的发展历史上写下了重要的一笔，也为后来的中国模特大赛奠定了基础。

1989年11月，上海举行了"迅达杯"中国时装模特大赛，这是中华人民共和国第一次大型模特比赛。赛事设有团体奖项及个人奖项，其中个人奖项包括金牌1名，银牌2名，铜版3名。大赛从1989年8月开始启动，历经3个月，有3000多名选手以及22支表演队参加了角逐。25岁的时装模特姚佩芳以高雅的气质和出色的表演获得了金牌（图4-17），团体赛中，上海服装公司时装表演队获得团体金牌（图4-18）；上海第七印绸厂时装表演队获得团体银牌（图4-19）；中国纺织大学时装表演队获得团体铜牌（图4-20）。❶

1989年11月底至12月初，广州花园酒店举行了"中国首届最佳时装模特表演艺术大赛"（之后的"新丝路中国模特大赛"）。本次大赛由《中国黄金报》报社、广州华侨投资公司、香港世华艺术传播公司、香港世华艺术制作发行有限公司联合主办，中国纺织工业部中国服装研究设计中心、《中国服装》杂志社、中国纺织报社、广州花园酒店等单位协办。大赛经过近半年的筹备，通过全国20多个专业模特机构的层层筛选，最后有来自北京、上海、天津、成都、南京、青岛、广州、深圳、哈尔滨等城市的36位女性模特入围。大赛汇集了当时中国各模特机构的模特精英。参赛模特经全国各地初选后推荐参加，身高要求在172cm以上，年龄限制在24岁以下，三围和比例

---

❶ 佚名. "时装名城"的首批名模（服饰新潮）[J]. 上海画报，1990（2）：1-3.

等都有统一标准。大赛设冠、亚、季军，十佳模特，以及最佳现场印象奖、最佳新闻印象奖、最佳上镜奖等奖项。来自全国各地的36位模特经过便装、泳装和晚装三个项目的比赛，经过12月1日的预赛和12月2日的决赛，最终来自深圳的模特叶继红获得冠军并一举夺得全国十大名模的桂冠以及最佳印象奖和最上镜模特奖三个奖项（图4-21），来自上海的柏青、姚佩芳分别获得亚军和季军（图4-22）。中国首次评出十大名模，分别是叶继红、柏青、姚佩芳、张亚风、卢娜莎、许以群、黎小燕、张锦秋、李斌、刘项。这一届大赛具有里程碑意义，在海内外引起极大的反响，在赛事方面，总结了"全国青年时装艺术节表演赛"的经验与不足，更邀请了香港和台湾相关专业人士的加盟，使本次大赛更具专业性和权威性。"中国首届最佳时装模特表演艺术大赛"的成功，为中国模特社会地位的确立、模特市场的培养以及此后模特大赛的发展起到了积极的推动作用，中国模特业的历史翻开了崭新的一页。自1989年起，中国的模特行业开始了职业化发展的进程。❶

图4-17　中国模特姚佩芳❷

图4-18　上海服装公司时装表演队向观众挥手致意❷

图4-19　上海第七印绸厂时装表演队
展示丝绸与泳装表演❷

图4-20　中国纺织大学时装表演队礼服表演❷

❶ 李国庆. 中国模特20年［J］. 现代妇女，1999（5）.
❷ 图4-17～图4-20图片来源：佚名. "时装名城"的首批名模（服饰新潮）［J］. 上海画报，1990（2）：1-3.

图4-21　中国模特叶继红❶

图4-22　首届新丝路中国模特大赛前三名：叶继红、柏青、姚佩芳❷

改革开放初期，我国经济文化不断发展，人们的生活方式和审美观念发生了重大变化。服装行业进入了一个全新的阶段，也是时代变迁的缩影。服装表演给服装行业带来了可观的经济效益，美化了大众的生活，带动了周边产业的发展，使社会更加开放，展示了我国的服装文化。

20世纪80年代，服装表演大部分都是依附于服装厂家或者服装公司，模特公司还没有出现。"新丝路中国模特大赛"是一种新的尝试。建立模特大赛平台是对中国优秀模特资源的整合，代表着中国服装的前沿、时尚，具有产业、行业风向标的作用。通过模特大赛可以反映出中国纺织、服装、时尚等行业的发展趋势，反映出中国改革开放"从新事物到新产业"的轨迹，使中国贯彻改革开放政策的新思路变成了新思想。

第三节　中国服装表演业的快速发展和稳定

从20世纪90年代到21世纪初，中国服装表演行业快速成长。发展速度体现在服装模特与模特经纪公司的发展壮大、高校服装表演专业的创办及扩招、中国模特大赛的涌入、男模的发展等，整个服装表演行业已经初具规模，但普遍不够成熟。进入21世纪，中国服装表演行业逐渐发展为较完整的行业链，拥有了更广阔的市场，在我国良

❶ 图片来源：网易图片。
❷ 图片来源：搜狐网。

好的经济发展环境下不断完善，各类服装表演活动举行得如火如荼。这大大提高了中国人对服装文化的认知，丰富了表演艺术形式。中国服装表演行业在发展过程中，逐渐从丰富的文化传统中汲取养分，展现出"中国特色"。中国服装表演的未来必须建立在中国悠久的民族文化基础上，有了坚实的基础，中国服装表演行业的道路才能越走越远。

一、社会发展带动服装表演的发展

1. 20世纪90年代到21世纪初期

20世纪80年代中后期，中国加快了经济改革的步伐，社会、经济和文化的进一步发展，全国各行各业都出现了机构改革。

随着物质生活水平的不断提高，人们的精神文化生活也开始变得丰富多彩。随着经济体制的转型和现代化进程的推进，注重品位、彰显个性的时尚服装推动了20世纪90年代服饰的发展。1990年，中国模特叶继红、刘亚美、彭莉、瞿颖在长城拍摄迎接第十一届亚运会的央视宣传片（图4-23）；1991年春节，由中国服装研究设计中心组织、中国服装表演团策划的主题为"三阳开泰"的服装汇演走进中南海，国务院领导在观看演出后接见了演职人员，并给予高度评价；同年，"罗曼梦"首届全国百名模特时装展示会在北京工人体育馆举行；1995年，胡军导演的电视剧《中国模特》上映，参演人员包括瞿颖、苏瑾、刘茜等，大多为当时的专业模特；1998年7月，第16届世界杯闭幕，中国模特李昕与300多名世界超模共同演绎了主题为"世界的色彩"大型服装表演；1998年10月，由黎明服装集团赞助的"华夏黎明——中国古今服饰展演"在法国巴黎卢浮宫演出，演绎了中国传统服饰与现代服饰的变迁，向世界展示中国文化。

20世纪90年代社会更加开放，大量的文化交流促进发展，服装发布会、流行色发布会不断公布时尚潮流和服装信息。巴黎时尚、米兰服装、美国牛仔裤……但凡有一个国家的服装新潮的流行，很快就会融合在中国大都市，并演绎成中国的都市时尚，中国女装呈现出多样化。世界流行趋势主导了中国的服装舞台。羽绒服、健美裤、旅游鞋、短裙、西装、牛仔裤、背带裤等都成为服装的流行阶段。进入21世纪，人们的着装风格更加多变且富有个性，很难用一种风格或颜色来概括时尚流行。多样的主题和风格不仅为服装创造亮点，还创造了意境，中国民族服装和唐装的流行逐渐影响世界。互联网的发展让人们畅通无阻地获取各种时尚信息，中国风元素开始真正融入并影响国际时尚浪潮。

图4-23　1990年，第十一届亚运会宣传片❶

2. 21世纪初期

进入21世纪后，正在为建设小康社会而奋斗的中国，以更加积极的态度和更加饱满的热情屹立于世界的东方。2000年10月，党的十五届五中全会中提出了"文化产业"这一概念，要求"完善文化产业政策，加强文化市场建设和管理，推动有关文化产业发展"。中国已告别"短缺经济"时代，文化消费渐成时尚并快速增长。这一时期，随着广播电视的普及，在色彩斑斓的大众文化中，中国掀起了一股以"海选""民间造星"为主要特征的风靡全国的选秀风潮，还有各种模特大赛、选美大赛等。

2000年5月，"如意2000长城秀"路易丝漫时装发布会在古老的居庸关长城上举行，模特陈娟红、王鸥、郭桦、周军、路易、高杰、赵俊、胡东、穆江、范涛等，率领100名模特、50名舞蹈演员轮番出场，展示了著名时装设计师王新元的作品（图4-24）。2000年7月，首届民族服装服饰博览会在云南昆明召开；2003年10月，在中法文化年期间，中国民族服饰"多彩中华"展演在法国卢浮宫举行，200余名中国模特穿着少数民族服饰展示了中华服饰魅力。为"多彩中华"开场的服装就是中国苗族服饰，苗族服饰被誉为"穿在身上的史书"，将岁月与传奇绣在服饰上，是中国服饰文化中的瑰宝。2005年，中国模特杜鹃登上美国《时代》副刊封面，并于2006年担任某国际品牌广告代言人。自此，在国际品牌代言人中，开始出现中国面孔；2006年11月，由《模特》杂志主办的首届"中国模特行业战略发展高峰论坛"在广州举办，时尚界、企业、高校专业人士等参与其中并共同为中国服装表演行业发展出谋献策；2008年，北京奥运会的开幕式以及闭幕式启用百余名模特作为礼仪志愿者负责接待工作；2014年亚太经济合作组织领导人会议周启幕，北京服装学院服装表演专业的学生担任礼仪志愿者；2019年10月，世界军人运动会在武汉举行，开幕式举牌手与礼仪志愿者

❶ 图片来源：迈尚网。

大多来自武汉各高校服装表演专业的大学生，她们以优雅端庄的仪态，向世界展示东方女性的魅力。

图4-24　如意2000长城秀（左起：王鸥、设计师王新元、陈娟红）❶

　　中国服装表演以及中国模特经历了多年的发展，虽然也存在着一些问题，但发展优势和潜力是巨大的。随着经济的持续增长，模特行业对内需要在制度、管理上更专业、严谨和规范，制订并落实新的发展理念，促进模特后备人才力量的提升，加强模特行业管理人才的培养；对外需要借鉴其他国家的模特产业发展经验，建立和完善适合中国国情的模特运营及管理体系，形成一个良好运作并且规范有序的模特市场。❷

　　21世纪，中国在政治、经济和文化生活上都迈入一个新的起点，随着服装表演的发展与成熟，服装模特扩展到不同的年龄层（中老年以及少儿模特），并多次出现在国际秀场，更多的服装设计师以及舞台编导也更加关注中华民族文化精髓，越来越多的中国元素服装在秀场涌现，宣扬了我国的民族文化，得到了世界各国设计师和观众的认同。

二、服装表演行业规范化

　　为了推动中国服装表演业的市场化和国际化发展，1992年12月8日，中国服装设计研究中心成立了中国第一家服装模特经纪公司——新丝绸模特经纪公司，其管理机制的形成和完善标志着中国服装表演以及中国模特行业的逐步规模化；1998年，由世界超级模特陈娟红、著名模特经纪人、时尚表演编导张舰共同创立了概念98时尚推广

❶ 图片来源：百度图片。
❷ 李玮琦. 论中国模特的职业化发展［J］. 艺术设计研究，2016（2）：38-41.

机构，培育和推出了一大批国内知名精英模特并成功举办了一系列大型时尚发布会、全国服装模特大赛等大型专业活动，得到了业界的广泛认可。

20世纪90年代中后期到21世纪，随着国内模特市场的发展壮大，一些大城市陆续开始出现不同性质类别的模特经纪公司，如上海逸飞模特经纪有限公司创立于1995年，集模特文化与经纪职能于一体，培养了诸多模特人才，包括卓灵、闫巍、马力、马艳丽、陈娟红、谢东娜等。

进入21世纪后，在经济、文化全球化的浪潮下，中国的服装表演业加速走向国际，多项国际赛事在中国举办，中国模特也活跃于国外的时尚发布会。中国模特行业基本实现了与国际世界的互动和对接，模特行业的需求和发展更加国际化、专业化和多元化。2003年，东方宾利文化发展中心成立。作为中国服装设计师协会的合作机构，东方宾利文化发展中心每年与其他服装机构联合举办中国职业模特选拔大赛、中国模特之星大赛等赛事，是挖掘中国模特人才的舞台。模特经纪公司的成立旨在顺应国际趋势，从时装表演制作人、经纪人、合同和版权的执行等方面，实现策划、包装、制作、宣传流水线，带动服装销售、销售利润、包装秀场和模特展示，为中国模特提供更广阔的领域，加速服装表演行业的规范化和专业化。

从20世纪80年代初中国第一批模特出现，到20世纪90年代末，中国模特不论从数量上还是质量上都已成规模。1996年，纺织总会和劳动部联合颁发《服装模特职业技能标准（试行）》条例，服装模特成为国家正式承认的一种职业。2003年，国家社会和劳动保障部正式出台了模特《国家职业标准》，意味着服装模特将成为一个独立行业时代的来临。❶

三、中国国际服装服饰博览会

中国国际服装服饰博览会（CHIC）于1993年由中国服装协会、中国国际贸易中心有限公司、中国国际贸易促进委员会纺织工业分会共同主办。首届中国国际服装博览会，由200多名中外模特表演法国设计师皮尔·卡丹的服装设计，并首次参加了意大利服装设计师华伦天奴和费雷的联合新闻发布会和主题为"世纪风"的大型时尚晚会；1994年，以"东方之风"为主题的第二届中国国际服装博览会大型服装表演晚会，展示和弘扬了博大精深的中国文化，被海外媒体纷纷报道并给予高度评价；1995年，第三届中国国际服装服饰博览会，组委会走进人民大会堂大礼堂，举办主题

❶ 李玮琦. 中国模特［M］. 北京：中国纺织出版社，2015.

为"华夏民族魂"的大型服装文化晚会，在庄严雄伟的舞台上向世界展示中国传统服装文化。进入21世纪后，中国国际服装服饰博览会的服装表演形式日趋专业化、规范化、国际化。2000年，"为你而生"大型服装表演晚会融入歌舞剧形式，展示中国服饰1000余套；2001年，主题为"春天印象"的大型服装表演晚会，200多位模特完美诠释了东方魅力。作为亚洲规模最大、影响力最大的服装展会，中国国际服装博览会在推动中国服装品牌发展的过程中，也完成了自己的品牌建设，被公认为服装品牌推广、开拓市场、展现创新、潮流发布、财富创造、资源共享、国际交流的最佳平台。随着展会时尚度的不断提升以及各种文化、艺术、创意等跨界资源的融合，中国国际服装服饰博览会每年都成为时尚界乃至社会的焦点。

四、中国模特大赛

中国模特大赛是由相应人员组织的有目的、有计划、有步骤参加的社会协调活动，以评选新模特为目的，通过对模特的身材、比例、相貌、表演技能、理解力和展示能力的综合评价，评选出各个时期的优秀模特。

"新丝路中国模特大赛"于1989年12月在广州首次举行，这是全国范围内首次具有权威性的服装模特大赛；1991年，大赛在北京中国大饭店举行，赛事名称改为"第二届中国最佳时装模特表演艺术大赛暨世界超级模特大赛中国区选拔赛"。主办方邀请爱莲·福特女士及部分"世界超级模特大赛"的评委担任"第二届中国最佳时装模特表演艺术大赛"评委，陈娟红获得冠军，瞿颖和刘莉分获亚军和季军（图4-25）。从第二届大赛开始，中国模特与世界模特大赛接轨，新丝路中国模特大赛成为世界超模大赛的中国赛区；1992年，陈娟红代表中国赛区参加第十三届世界超级模特大赛并荣获"世界超级模特"称号；1993年，赛事名称改为"第三届中国超级模特大赛"，周军获得冠军，杜跃云和杨鸿伟分获亚军和季军（图4-26）；1995年，"第四届中国超级模特大赛"，谢东娜获得冠军，罗锦婷和郭桦分获亚军和季军（图4-27），著名的"世界精英模特经纪公司"也在1995年开始与中国模特大赛联合举办第四届"世界超级模特大赛中国选拔赛"，谢东娜获得中国冠军，并在韩国举行的国际总决赛中获得第四名，获得"世界精英模特"称号；1997年8月，"第五届中国超级模特大赛"在厦门举行，路易夺得冠军，彭丽霞和金娜分获亚军和季军（图4-28）；1998年7月，"第六届中国超级模特大赛"在北京国际会议中心举行，岳梅夺得冠军，黄敏仪和郑瑜分获亚军和季军（图4-29）；1999年7月，赛事名称改为"新丝路中国模特大赛"，同年，"第七届新丝路中国模特大赛"在成都举行，王海珍夺得冠军，梁馨和王燕分获亚军、季军（图4-30）；2000年9月，"第八届新丝路中国模特大赛"在三亚举行，于娜获得女模冠军，赵京南获得男模冠军（图4-31）；2001年"第九届新丝路中国模特大赛"，张信哲和甄妮分获男女冠军（图4-32）；2002年，"第十届新丝路中国模特大赛"，黄志玮和杜娟分获男女冠军（图4-33）。这项赛事是国内规模最大、最具影响力的品牌赛事，对推动中国模特业的发展起到了举足轻重的作用。大赛相继推出了诸多享誉海内外的超级名模，如叶继红、陈娟红、瞿颖、谢东娜、岳梅、王海珍、于娜、杜娟等。❶

图4-25 "第二届中国最佳时装模特表演艺术大赛"前三名
（左起：刘莉、陈娟红、瞿颖）❷

图4-26 "第三届中国超级模特大赛"前三名
（左起：杨鸿伟、周军、杜跃云）❷

图4-27 "第四届中国超级模特大赛"前三名
（左起：罗锦婷、谢东娜、郭桦）❷

❶ 李倩文.模特大赛活动策划的研究［D］.武汉：武汉纺织大学，2017.
❷ 图4-25~图4-27图片来源：搜狐网。

图4-28　"第五届中国超级模特大赛"前三名
（左起：彭丽霞、路易、金娜）❶

图4-29　"第六届中国超级模特大赛"前三名
（左起：黄敏仪、岳梅、郑瑜）❶

图4-30　"第七届新丝路中国模特大赛"前三名
（左起：梁馨、王海珍、王燕）❶

图4-31　"第八届新丝路中国模特大赛"男女模特冠军
（赵京南、于娜）❶

图4-32　"第九届新丝路中国模特大赛"男女模特冠军
（张信哲、甄妮）❶

图4-33　"第十届新丝路中国模特大赛"男女模特冠军
（杜娟、黄志玮）❶

　　"上海国际模特大赛"是上海市政府于1995年专门设立的。在政府的大力支持下，大赛与欧美时尚协会、时尚杂志等国际专业部门展开合作，成为培养中国名模的摇篮。1995年，在上海国际服装艺术节组委会主办的首届"上海国际模特大赛"中，中国模特马艳丽脱颖而出获得冠军。"上海国际模特大赛"还培养了姜培琳、王雯琴、佟晨洁等众多优秀模特。

　　1998年，中国服装设计师协会与中国国际时装周组委会联合创办首届"中国时尚

❶　图4-28~图4-33图片来源：搜狐网。

大奖"年度大奖，其中"年度最佳职业时装模特"奖是模特界的最高荣誉。2000年，中国服装设计师协会和中国纺织服装教育学会联合创办了"中国职业模特选拔大赛"，这是一项全国性的时尚模特大赛，其目的是促进中国时尚模特的专业化、规范化发展，提高教育水平，推动国内服装消费需求和服装行业的持续健康发展。"中国职业模特选拔大赛"主要为大中专院校的服装设计、服装表演及相关专业选拔职业模特，每年举办一次。

2000年11月，中国模特吕燕参加"世界超模大赛"获得亚军。2001年，中国模特李冰获得第五十一届"世界小姐大赛"第四名，并获得"亚洲美皇后"称号，2002年，第五十二届"世界小姐大赛"，中国模特吴英娜获得第五名；2003年，中国模特关琦获得第五十三届"世界小姐大赛"季军以及"亚洲美皇后"称号；2007年，中国模特张梓琳获得第五十七届"世界小姐大赛"冠军。

2001年12月，中央电视台成立了首届"CCTV电视模特大赛"；从第二届模特大赛开始，比赛名称改为央视"脑白金杯CCTV服装设计暨模特电视大赛"，这是全国服装设计电视大赛首次采用传播最广、最生动的电视媒介举办，得到了国家主管部门的全力支持。在借鉴以往模特大赛经验的基础上，根据电视传播的特点，在大赛赛程和内容上进行了探索和创新。在模特大赛的设置上突出了电视大赛的内容，使其更具视觉性、知识性、观赏性和趣味性。大赛除了展示模特的外在美，还对模特的内在修养进行全新的、多层次、全方位的考察，并通过对参赛选手的理解、认识和表达能力进行考察，以循序渐进的方式设定大赛内容。2005年，比赛名称改为"黄金搭档杯CCTV模特电视大赛"，首次增设男模比赛，阳刚健美的男模选手首次出现在电视模特大赛的舞台上，对于中国男模行业意义深远。"CCTV模特电视大赛"与其他模特赛事相比，具有很强的参与性和互动性，收视率屡创新高，成为央视品牌和热门时尚节目，是最具影响力和号召力的权威赛事，也是中国时尚产业最大的亮点和热点。

2002年，文化部（现为文化和旅游部）文化发展中心与美国精英（ELITE）模特经纪公司，在西藏布达拉宫广场上举办"世界精英模特大赛"中国选拔赛；2003年，在广州天河体育中心举办"法国时尚电视台（FTV）暨GIMS超级模特大赛"；2006年，中国服装设计师协会与广西电视台等单位联合举办"亚洲超级模特大赛"总决赛，为亚洲各国选拔了大量优秀模特。

20世纪90年代，中国模特业作为服装表演中的一个行业真正形成并得到了发展。中国模特事业进入了行业化、专业化、市场化的探索，逐渐走出了一条具有中国特色

的模特行业发展之路。❶

五、中国男模

　　早在20世纪30年代就曾有过男子参与服装表演的报道，如1930年上海国货时装展览会中，五位男子身着由章华出品、恒康制作的西式服装进行展示。改革开放后，在上海、北京服装表演队建队之初也招收了男性服装表演演员。但在中国服装表演发展历程中，男模形成规模较晚。1981年，皮尔·卡丹公开服装表演的活动，不仅打开了中国服装与中国女模的市场，也促成了中国男模的起步。最早入选皮尔·卡丹秀场的男模贡海斌也成为中国第一代男模代表（图4-34）；20世纪80~90年代，活跃在舞台上的男模有王一鸣、程俊、张巍、穆江等（图4-35）；到了20世纪90年代，随着男装品牌的逐渐增多，男模行业也逐步形成。1991年，浙江丝绸进出口公司为胡兵提供全套比赛服装，代表杭州市参加在哈尔滨举行的"全国青春美模特大赛"，最终，胡兵夺得了男模冠军（图4-36）；在1994年举办的首届全国男装设计制作大赛中，胡兵获得"中国最佳男模风范奖"；1996年，上海海螺时装艺术团成立，是第一个以男模为主角的表演团队；1999年4月，首届"中国精英男模大赛暨世界男模特大赛中国选拔赛"在浙江宁波举行，男模胡东夺冠（图4-37），本次大赛开启了男模专场大赛的历程，中国男模有了更广阔的展示平台。进入2000年后，随着男装品牌代言和男模活动的日益增多，中国男模涌现出许多新面孔，如李学庆、张亮、郑宇光等。2010年，中国男模赵磊迅速成为国际时尚品牌最喜爱的亚洲面孔。越来越多的男模活跃在国内外时装周和各大秀场，如傅正刚、金大川、南伏龙等。2015年，郝允祥受邀参加巴黎巴尔曼2016春夏男装发布会，成为继赵磊之后第二位入围全球权威模特网站——"模特"（MDC）前50名榜单的中国男模。

图4-34　中国第一代男模贡海斌❷

图4-35　中国第一代部分男模（左起：穆江、程俊、张巍）❷

❶ 于淼.中国模特业的现状与发展研究［D］.太原：太原理工大学，2012.
❷ 图片来源：凤凰网。

图4-36　中国第一代男模胡兵❶　　　　图4-37　中国第一代男模胡东❶

改革开放40多年，中国的综合实力不断增强，随之而来的是人们对传统文化价值的重新认识。国际时尚界也不断刮起"中国风"，这是传统中国文化与现代潮流碰撞的结果，服装表演作为重要的媒介，不断传达着中国文化之美。

2021年春节，由李宇春、何穗、张梓琳、奚梦瑶及北京服装学院团队出演的大型时装秀《山水霓裳》亮相中央广播电视总台春节联欢晚会（图4-38）一场靓丽多彩的创意时装秀惊艳四座，让观众眼前一亮、久久难忘；模特身穿"盖娅传说"品牌服装，带领观者感受华服之美，感悟诗意中国，以文化为媒、服装为介，串联起中国的山水人文，叙述出如诗如梦的百态人生。

中国服装表演是服装文化的衍生，对服装业及相关时尚行业发展起到了促进的作用，提高了人民对服饰文化及审美的认知，丰富了表演艺术形式，带动国家的现代化文化建设与经济水平的更好发展，同时结合我国具体国情，学习和吸取其他国家的经验，取长补短，并坚持中国特色，坚定民族文化立场，引导国际化趋势。

图4-38　2021年中央广播电视总台春节联欢晚会中的《山水霓裳》时装秀

---

❶ 图片来源：凤凰网。

六、中国国际时装周

20世纪90年代，面对服装产业的兴起和繁荣以及各国之间文化经济交流的深入和频繁，中国国际时装周在时尚的发展中应运而生。中国国际时装周成立于1997年，前身为中国服装设计博览会，正式开启了服装行业从加工经济向品牌经济发展的新篇章。2000年正式更名为中国国际时装周。从2002年开始，其历经了"设计与产业结合""时尚与产业升级""品牌与设计师""时尚科技与艺术表演""民族文化与国际时尚"等主题定位，确立"品牌、时尚、创新"为永恒主题，主动权交给品牌和设计师，在时装周期间举办了许多大奖赛和颁奖典礼。可见，时装周致力于为设计师提供广阔的平台和市场空间，不断弘扬和激励广大服装人才的创新精神。

2003年，中国国际时装周改为一年举办两次，走上了分季、分类的国际化道路。2007年，中国国际时装周更注重产学研互动交流，为国内品牌和设计师搭建平台，成为服装院校或综合性大学展示服装设计毕业成果、推介优秀毕业生的最佳平台。越来越多的国际品牌在中国市场中与本土品牌展开竞争，在推动国产品牌国际化的同时，加剧了品牌对生存空间的争夺，推动中国服装品牌和设计师的自我提升。

2011年，中国国际时装周与梅赛德斯—奔驰建立战略合作伙伴关系，成为梅赛德斯—奔驰全球冠名时装周的成员，成为国际时尚盛典。时装周发布的作品，专注于高性能、高科技含量的新材料、新工艺的探索研究，并且推广和深层发掘中华优秀传统文化与服饰的融合，体现了组委会与国际接轨，完善时装周商业推广平台，促进自主品牌健康发展的行动宗旨。

2020年，全球爆发新型冠状病毒肺炎疫情，众多企业和品牌开启了线上模式，实现了虚拟服装表演模式，而中国国际时装周也开启了线下无观众与线上互动的"云秀场"舞台。2020年5月，中国国际时装周与奢侈品电商平台合作，汇聚共同资源，呈现秀场直播与高端直播销售，实现没有观众的时尚与历史的完美融合。中国国际时装周通过线上平台，为时尚界提供多渠道的正规平台，更好地满足设计师和品牌的实际需求，集结设计师、品牌和商圈、电商和媒体平台，共同带动线上线下全渠道融合，为时尚产业带来新模式、新体验。

七、中国服装表演的新形态

随着社会的发展，人们的生活节奏加快，服装品牌为了更好地适应这个人文环境，不断对服装表演形态进行改变。时尚服装品牌永远都是时代的产物，而且必须被放入一个广泛的文化背景之中。服装表演作为人们了解服装的主要渠道，不仅能够引领时尚，更能传达服装品牌的文化内涵。21世纪是一个信息时代，人人都是传播者，当服装行业步入一个空前发达的信息化时代时，所要做的就是跟随社会的进步，改变其传播服装信息的表演形态。随着社会经济的快速发展，人们的物质生活水平发生了质的变化，对美的理解和审美水平也在不断提高。社会形态不同，人的观念就会不同，审美水平也会随之发生改变。进入21世纪，服装表演展现出的形态逐渐告别了旧时代的商业化，脱颖而出的表演形态更具艺术性。现如今，各大服装品牌举办的服装表演更多的是以审美特征为基础的艺术表现形态，各大艺术流派相互交融，人们的审美趣味也朝着多样化方向发展。怪异的发型、夸张的妆容、明朗的色彩搭配、极具风格的服装款式、震撼的舞美设计，这一切放到信息化时代来看，都是一种对艺术的追求，那些传统的服装表演形式已经无法满足当代人们的审美要求。进入21世纪，服装行业不断地进步与发展，服装表演形态也随之发生改变。现如今我们看到的服装表演形态是一个社会经济水平、人文环境、生活方式、审美观念、文化现象等的综合体现。当创新科技与艺术观念相碰撞的时候，出现了新的服装表演艺术形态。提高服装表演中的技术水平和艺术效果将是未来服装表演形式发展的总趋势。

不同时期的服装表演，呈现出不同的特点。中国与西方在服装表演风格上存在巨大的差异，这与各国的文化底蕴有着很深的关系。中国的服装表演具有一定的传统性和保守性，而如今的中国服装表演，在汲取过去经验的同时已经发展得越来越繁荣，服装设计与服装表演更加融合，服装设计师也更加注重对于服装内涵的表达以及服装表演整体意境的把握和创新，在舞美设计方面出现了许多具有创意的表现形式。中国服装表演已经上升为一种艺术形式，对于这种融合多种元素的时尚艺术而言，多种艺术形式的跨界合作便应运而生。随着中国国际模特品牌走出国门，在各个世界舞台上频频惊艳亮相并屡次斩获多项国际荣誉，同时中国国际服装品牌设计师也在今年世界各大国际时装周上纷纷亮相，这些都共同见证了中国时尚界的迅速崛起。在这样的迅速崛起背后，离不开中国编导团队在幕后的推动，使中国时尚界在世界舞台上再次完美亮相。继中国模特完美走向国际、中国设计师完美走向国际之后，中国编导团队再次完美走向国际。这让整个世界看到中国时尚品牌力量，包括时尚模特、设计师、服装品牌，让越来越多的中国时尚面孔再次出现在这个世界顶尖时尚平台上，成为中国时尚界品牌走向世界的时尚引导者。❶我国现代服装艺术表演业一直追随着现代国际

---

❶ 张靓. T台幕后：时尚编导手记［M］. 北京：中国纺织出版社，2009.

服装艺术表演的发展脚步，从不断模仿引进到不断自主创新，秀场表演编导团队通过不断的自身实践探索学习及创新研究，为推动我国现代服装艺术表演业的产业发展作出了巨大贡献，为中国现代服装艺术表演业发展带来了新的经营管理模式和经营理念，促使我国现代服装艺术表演业进一步与国际市场接轨，融入国际化经营范畴。

当下，高新技术在服装表演舞台上的体现，让服装表演形式翻开新的篇章。服装表演不再是纯粹地在舞台上展现服装信息，而是上升到了艺术表现形式。随着信息技术的不断发展，3D全息投影、水幕投影、三维动画、4D光影的广泛运用，使服装表演在借用新型媒介技术的情况下达到了全新的领域。新媒体的出现，更能全方位地、广泛地展现新款服装产品，充实着服装表演舞台形式的创作。❶科技是转型的主动力。在全球化发展的今天，随着各国文化艺术方面频繁的交流，中国国际时装周以及各地时装周都在迅速发展，并且越来越受到时尚界人士的关注，吸引了众多国内外的服装设计师。这个科技、文化与商业并重发展的时代改变着人们的审美观，中国服装表演所呈现的独特艺术魅力将服饰文化广泛传播，推动着时尚潮流与行业发展。中国服装表演是一种艺术形式，也是一种文化现象。随着人们生活水平提高、科学技术进步，中国服装表演业进入了繁荣鼎盛的时期。

第四节　中国服装表演步入"专业时代"

20世纪80年代末，随着我国社会经济文化的快速发展，服装艺术文化产业也逐步繁荣发展起来。为了更快速地适应现代社会对纺织服装产业日益增长的市场需求，推动我国纺织服装行业向更高、更快、更完善的发展方向健康发展，纺织高等服装职业院校陆续逐步开始规划设置纺织服装文化服装表演艺术专业，从事具有专业性的服装表演以及与时尚服装相关的人才培养与职业教育。服装表演艺术专业是一个非常具有鲜明中国改革开放历史印迹的服装艺术教育专业。高校服装表演专业招生的设立，立足于我国基本国情是高校服装专业和我国时尚文化传媒服饰行业的持续发展内在需求。教育投资是一种战略性投资，是一个国家或一个民族兴旺的重要基石，是改变人生命运和改善生活物质条件的重要途径。在我国，服装表演艺术专业高等教育从创建、发展、改革，到现在已有30余年，多数毕业生长期活跃在我国服装表演及其他相

---

❶ 郑天琪. 21世纪服装表演形态研究［D］. 苏州大学，2017.

关专业文化教育活动领域，给我国市场经济带来了无限的生机活力，为我国的服装表演行业输送了大批优秀人才。

一、社会需求

20世纪80年代末到90年代，中国经济迅速崛起，广大人民群众生活水平迅速提高，在衣、食、住、行等方面产生了巨大的消费需求。社会审美观念的变化刺激了人们对服装和时尚产业的消费需求。作为传播服装与时尚之美的载体，服装表演已成为我国纺织服装行业和时尚相关产业不可或缺的一部分。中国纺织服装业和时尚产业的快速发展，产业结构不断完善，科技创新能力不断提升。各大服装生产企业和时尚产业公司逐渐向市场拓展、产业整体化、科技智能化、产品国际化方向转型。品牌的发展决定了企业在市场中的核心竞争力，而打造一流品牌，实现品牌价值，则需要通过电视媒体、网络媒体、平面媒体等一系列的传播媒介进行推广与宣传，在一定程度上使企业在市场竞争中占据优势地位。服装表演作为一种动态与静态相结合的展示方式，具有较强的传播效应，通过媒体宣传为企业产品在特定环境中的展示提供了较强的说服力，对企业在产品销售、引导消费方面起到了关键作用。

高校作为培养高素质人才的基地，为我国服装行业和时尚相关产业提供了大量的高素质人才。服装表演专业开设的目的是满足社会对服装表演专业人才的大量需求，围绕社会经济发展趋势和增长点，以服务地方经济发展为目标，以服务社会为核心价值观，并致力于为以"互联网+"为主体的时尚、科技、教育行业提供展示平台服务。以高素质服装表演专业人才为培养对象，使其具备服装展示、形象设计、服装设计、管理和营销能力等。毕业后可以从事服装设计、服装模特、编导、管理营销等时尚相关行业。❶

二、服装表演专业从创建到成熟

1. 服装表演专业的创建

由于中国服装服饰表演的快速健康发展以及纺织服装行业与服装表演行业相辅相成的发展关系，纺织服装类高校审时度势分批开设了服装表演艺术专业或服饰表演艺术专业。苏州大学艺术学院（原苏州丝绸工学院）于1989年率先开设了服装表演专业三年学制的大专培养模式，1999年起正式改为普通四年制本科，开创了中国服装表演

---

❶ 吕博. 高等院校增置服装表演本科专业的可行性研究［J］. 高教学刊, 2016（3）: 205-206.

高等教育的专业先河。❶1990年，东华大学（原中国纺织大学）服装学院也同时设立了四年学制的艺术类服装设计与表演专业本科。随后，北京服装学院、西北纺织工学院（现西安工程大学）、武汉纺织工学院（现武汉纺织大学）、郑州纺织工学院（现中原工学院）等多所院校相继分批开办了艺术类服装表演专业。

众多高校纷纷开设各领域下的服装表演艺术类本科专业，组建本校的服装表演本科教师队伍，设置服装表演本科教学课程体系并组织开设相关本科课程，掀起了我国服装表演高等教育本科专业建设蓬勃发展的浪潮。随着服装表演艺术专业高等本科教育发展顺利起步，各高校纷纷构建自己的专业教学管理体系，形成了各自独有的专业教学风格，为我国服装表演艺术专业高等教育的持续蓬勃发展形成了良好开端。

2. 服装表演专业的稳定发展

高校服装表演专业发展首先是专科院校开始专升本教育以及四年本科专业设置的升级。较早开办服装表演专业的院校也陆续开始了专升本工作。服装表演专业最早创办时不招收男生，苏州大学艺术学院服装表演专业在2001年招收了8位男生，成为首批高校男模，接着在本科专业院校中陆续增加了男模的招生数量并设定培养目标。每个院校利用各自的优势资源，在表演、编导、营销、广告、服装、形象设计等方面发展本学院的特色。为了迎合社会需求，部分高校开始招收平面模特、广告模特专业方向的学生，使服装表演专业教育的分类更加细化。专业艺术教育进入一个多元化的发展阶段，高校开设服装表演专业不只是直接培养服装模特，更是培养高校服装艺术表演领域综合性专业人才。

21世纪以来，随着国内服装纺织业及服装时尚艺术文化产业的繁荣与发展壮大，中国已经成为世界性的服装纺织制造与辅料加工贸易中心，越来越多的国际服装纺织品牌开始选择在中国建厂进行投资，这也极大程度刺激了国内市场对于国际服装类及服装表演专业人才的需求。服装表演专业的迅速发展，使国内所有开设服装表演专业的高校在专业课程内容设置上，都充分进行了既有别于核心课程又有侧重的专业化课程。各个本科院校的专业侧重点不同，这种多元化方向也为市场输送了大批优秀人才，成为教育行业快速发展的有力保证。

3. 全国高等院校服装表演本科专业设置情况

2012年，教育部颁布了《普通高等学校本科专业目录和专业介绍（2012年）》，新增艺术学门类。在新增专业分类中，服装表演在专业目录中无任何专业门类归置，

---

❶ 郭萌，李子晗. 我国现行高校服装表演专业一专多能型发展模式探究［J］. 艺术教育，2019（5）：238–239.

不属于目录中专业，仅以专业方向性质存在。服装表演作为一个新兴专业，经过了长时间的发展与沉淀，在发展时期内对各地方的社会、经济发展起到了积极作用与影响。全国高校对该专业的开设，形成了一定的规模，在招生数量、人才培养、毕业就业等方面确实达到高等教育的育人要求，完成了新时代背景下社会需求的使命。据不完全统计，到2013年底，全国有90多所高校开设了服装表演专业。

我国政府一直大力提倡文化产业概念，提出2014年将进一步推动文化产业快速发展，并出台了文化与金融合作的相关政策。截至2014年底，全国继续招收服装表演专业方向的高等本科院校共计70所；其中以戏剧与影视学类表演专业设置的高校有32所；以设计学类服装与服饰设计设置的高校有34所；以音乐与舞蹈学类设置的高校有4所。随着服装表演教育事业的普及，2015年，教育局把服装表演、影视表演等专业统一归类后，一些综合类院校和艺术专业院校也开始开设调整服装表演专业，名称改为：表演专业（服装表演）。❶2016年后高校服装表演专业相继完成了改革专业方向，其中包括隶属"211工程"与隶属"985工程"的高校，本科及以上高等院校的比例占78%。到2020年初，全国有近70所高校开设服装表演专业。各高校虽有略微不同的教学体系，但绝大多数的专业课程安排为：服装表演技巧、形体训练、舞蹈、音乐、服装设计、服装市场营销、表演组织与编导、化妆与发型、形象设计、舞台美术等。各个高校的专业方向也不完全相同，最早的大方向为服装设计与表演方向，在这个基础上，各高校有所侧重，比如服装表演与营销方向、服装表演与形象设计方向等，目前专业方向改革之后为戏剧影视学类下的服装表演方向。高校服装表演教育满足了社会需求，致力于培养高水平的复合型人才，这标志着服装表演教育开始进入学术领域，给中国模特的发展提供了一个更广阔的平台。

4. 服装表演专业与行业发展同步的创新与特色

各高校都在积极协办各种知名的专业类比赛大赛，包括教育高校大学生服装表演邀请赛、中国模特之星大赛、新面孔模特赛、中国职业模特大赛、龙腾精英超级模特大赛、上海国际模特大赛等具有影响力的比赛，在有条件的基础上实现校企联合。同时，各高校也在积极尝试以工作室的形式设立实践教学基地，扩大实践活动半径。作为新兴专业，服装表演正越来越被整个社会所接纳认可，成为国民消费水平的一部分，其独有的社会效应与商业价值所带动的时尚产业，影响了大众的消费观、审美观。

高等教育对于社会发展具有极大的促进作用。有了教育的强大支持，一个国家，

---

❶ 杨婕. 当前综合类大学表演专业建设和教学的改进思路［J］. 教育现代化，2019，6（93）：90–91.

一个民族才有雄厚的人力资源，服装表演专业教育也同样如此。高校作为人才培养的中心，核心任务是培养和输送人才，特别是为行业发展与区域经济发展输送所需要的人才。如今，服装表演专业的毕业生已从台前转为幕后，投身于专业教师、服装设计师、舞台编导、形象造型、市场营销等时尚行业，促使高校服装表演教育向产业化靠拢，与市场接轨，结合市场需求与自身课程特色，建构完整的教学体系。

三、学科交叉背景下的服装表演教育发展方向

在服装及时尚产业对综合性营销展示型人才的广泛需求和艺术类招生规范化的背景下，服装表演教育以当代服装及时尚产业发展和社会需求为导向，突破以往艺术与表演类的培养瓶颈，以服装表演与展示实践经验为基础，但不局限于舞台表演，而是从时尚产品展示、服装文化、品牌营销与推广、时尚数字媒体的业态现状和发展趋势出发，以高素质应用型的时尚营销与展示型人才作为培养对象，同时要具备服装表演与展示、活动策划与编导、管理与营销、媒体传播等能力。毕业后，学生可以选择从事时装静态与动态展示、时尚活动的组织与编导，个人及企业形象、服装与服饰的管理营销，自媒体运营以及艺术经纪与策划等相关工作，从根本上解决黄金年龄后就业面狭窄的问题。

时尚营销与展示是传统服装表演教育的发展方向，表现为以艺术学为主干的多元化倾向，其研究并不局限于传统艺术学研究范畴，而是在更大范围内与计算机科学与技术、社会学、管理学、心理学、感知学等多门学科产生交叉和连接。新的发展方向更注重通过互动理解消费者心理与行为，在掌握新媒体营销推广渠道的基础上，帮助企业和品牌更好地展示时装类产品并提升销售量，强调策划品牌知识与形象内容的输出。这一发展方向强调具备良好的语言与文字表达能力、人际沟通能力以及较优质的身体条件和形象条件，在市场调研与实践的基础上，深度理解消费者，具备运用新媒体手段进行时尚活动编排及营销与展示的能力，同时具备潮流分析、服饰搭配、人物形象策划等造型能力。因此，提高学生的综合素质、文化水平、职业能力，将他们培养成"能沟通、善展演、会营销、知产品、懂技术"的知识型人才，促进专业的多元化发展，是人才培养的重要环节。

高校开设服装表演专业，极大限度地促进了该行业的发展和进步，因此，高校也成为模特行业的最大"生源地"。全国70多所高校开设服装表演专业并已形成了一定规模，在人才培养方式上，各高校都有着较为鲜明的特色，通过社会对人才的需求程度以及时尚行业激烈的市场竞争，使高校认识到专业问题的重要性，因此服装表演专

业对社会、经济、高校未来的发展有着重要的作用，为目前的在校生打开一条特色鲜明的就业创业之路，极大地促进了社会文化以及服装产业的发展。

服装表演专业有着强大的生命力和强劲的发展势头，这是由社会和产业发展的必然性决定的。其顺应市场需求，呈现出广阔的发展空间和巨大的发展潜力，向我们展示了服装表演专业的光明前景和中国高等教育的美好明天。

第五节　中国服装表演发展的主要因素

中国服装表演历经了20世纪30~40年代的繁荣、50~70年代的低落，到改革开放后初步发展，20世纪90年代则进入了快速发展时期，全国各地的服装业以及服装表演业都呈现出蓬勃发展的趋势，各种思潮涌现，无论是外来文化还是传统文化，无论是理论还是实践，都在中国的设计土壤上发展并逐步壮大起来，人们思想的转变在服装上得到了相应的体现，同时又受到国外服饰流行的影响，具有了更多的流行性和趋变性。

一、20世纪90年代的时代背景

服装本身就是照亮人类日常生活的一面镜子，折射出每个时代的面貌。中国传统的服饰文化自古至今不仅记录着自身的发展渊源，而且反映了中国的政治、经济等各个方面。服装行业的发展和服装流行现状与各阶段我国社会的政治、经济、文化等紧密联系。经济基础决定上层建筑，构成在经济基础之上的社会意识形态，直接影响服装产业的发展，社会经济繁荣，国家富强，思想开放，服装则表现出清新活泼、丰富多彩的风貌；反之，人们受专制思想禁锢，服装则呈现单调、贫乏的景象。

1. 经济方面

自改革开放以来，我国的社会已经由温饱阶段逐步迈上小康阶段。随着我国市场经济的发展与社会的进步，人类的生产、生活方式在不断发生变化，服装行业的形成与发展也随之发生变化。从20世纪80年代起，我国正式进入一个新的发展阶段，社会经济环境条件有了很大的改善，人们的价值观念也有了很大的变化，开始努力追求多变的、更美好的生活，这种情形同时表现在对服装流行的不断追求和更新上。人们不再像以前一样压抑自己的着装个性，沉闷的服装市场变得五彩缤纷起来。

1992年4月，党的十四大胜利召开，标志着我国国民经济体制管理改革发展进入了一个新的伟大历史发展时期。此后，政府继续实施产业总量权重控制、结构调整的重大战略支持措施，以我国服装家纺为产业龙头，带动了我国纺织工业的全面健康发展，加大了企业技术改造扶持力度，取得了显著成就，为我国经济发展作出了重要贡献。

20世纪90年代后半期，我国的经济体制基本完成了从指令性经济向市场性经济的转型，经济形态自身也发生了重要变化，进入了一个新的阶段：短缺经济基本结束，买方市场已经形成。国民经济的增长依靠市场的最终消费和政府投资拉动的状况，国内经济进入市场化约束的转型期，大量社会生产要素和消费品由政府管制的状况基本结束，市场化调节机制开始发挥积极作用。

在我国经济进入全球化和世界经济社会发展趋向一体化的发展趋势下，各国之间的文化交往明显扩大，知识广泛传播，同时，我国社会人们的适应市场主体消费活动需求主观心理和适应社会主体消费需求生活行为模式也随之由此开始逐步发生了巨大的改变。中国女性更加注重表达自我，并在消费形式上由物质消费更多地转向精神消费。

2．文化方面

20世纪90年代以来，中国社会在政治、经济等各个方面所进行的重大制度性改革，不仅造就了中国时代文化领域广泛的结构性变异，同时也在中国人精神生活的内部产生了相应的深刻变动，不断促成广大民众在精神取向和价值观念等各个方面的迅速变更，进而形成了整个中国社会在文化层面上的精神分化与重组。

经济改革迅速改变了整个社会的生活方式，也带来了许多人文精神方面的变化。随着市场经济观的逐步确立、商品意识的萌动，大众文化将消遣性、娱乐性置文学价值之首，这种矫枉过正的举动正是过于压抑心理的合理冲动。

二、外在因素

1．良好的国内经济发展环境

经济发展全球化与一体化已经成为势不可挡的历史潮流，是决定中国品牌服装产业发展的内在条件，在中国经济始终保持着可持续发展的前提下，服装的展示与艺术表演也将保持同步发展。

随着我国经济水平的不断提升和人民生活质量的不断改善，时尚创新和个性张扬将逐渐成为我国服饰消费快速增长和服装产业快速发展的重要推动力，企业将呈现以"品牌"为中心的设计竞争，时装设计师也面临更为广阔的发展空间。

2．中国服装业发展的促进作用

20世纪90年代以来，纺织工业部、中国服装协会、中国服装设计师协会以及各级政府和行业组织积极倡导"质量、经济、效益",推进"名牌战略"的实施,从根本上加快了中国服装设计事业的发展。改革开放以来,中国的服装界可以说是走过了一段充满奇迹的历程。

中国是一个衣食大国,灿烂的服饰文明一直受到世界的瞩目。然而当代中国服装的发展,却由于种种原因,到了20世纪80年代才真正有了具有复兴意味的发展。1985年通过了第七个"五年计划",将服装列入国家消费品工业发展的重点;1986年,国务院提出了"以服装为龙头"的产业发展规划。步入20世纪90年代,纺织工业在全面调整、产业升级、实施两个根本性转变的过程中得到了长足的发展。

服装表演作为服饰展示的重要部分,与服饰早已形成了一种无形的、无处不在的对话关系。服装的发展动向无时无刻不影响着服装表演的发展。进入20世纪90年代后,人们的生活方式发生了很大的改变,先进的生产技术、丰富多彩的生活使人们在着装方式上有了新的观念,更加注重科学化、健康化和时尚感,追求新奇、时髦和名牌的心理不断加强,服装的流行周期大大缩短。

三、时尚媒体的推动作用

20世纪90年代以来,数字化、信息化、服务化的社会结构逐步完善。一些消费服务、电信服务、电子技术服务等给人类带来的巨大变化,不仅改变了社会技术发展的方向,也对经济、文化的诸多方面产生了深远的影响。互联网带来了生产方式的改变,比历史上任何一种生产方式都要快,都要彻底。由于网络在20世纪90年代的迅速普及,信息的流通迅速打破了过去流行延迟的局限,以同步、即时的方式出现在世界各个角落。新视觉美学与计算机网络的发展密切相关。从设计、生产到流通,流程的每一步都可以通过电脑辅助完成,大大提高了效率。

20世纪80年代以来,中国时尚媒体的出现令人惊叹。各种女性和生活杂志都发表了大量的时尚内容。流行在这里被捕捉、流传、评价、模仿、创造,时尚界变得更加热闹。

时尚每一个链条上的震动,都无比迅捷地在传媒显现。而传媒本身形态和内容的变化,也会深刻影响时尚的趋势走向。流行高可至不可仰视的云端,低亦可进入普通百姓的日常细节,传媒在这中间,犹如翻云覆雨的幕后推手,通过对资讯和观念的整合,描述或定义着时尚。

新闻媒介对流行的推动作用是非常明显的。达的新闻网能在极短时间将全球服饰信息做交流,电视剧中女主角的时装可能在一夜之间遍现整个城市,这就是传播媒体的功效。电视、电影、杂志等大众媒体中的服饰形象对人们有普遍的影响，它既是一种服饰的公众教育，又对时尚起导向作用。现代传媒的高度发达，娱乐方式的丰富多样，网络文学、图像文学遍地开花。毫无疑问，传媒是传播史上的中心力量。

第六节　中国服装表演价值体现与前景

中国服装表演分为动态表演和静态展示两种基本形式。无论是在20世纪初期还是在20世纪末期，乃至21世纪，这两种基本形式始终存在，并相互促进，共同发展。20世纪初期，中国服装表演具有以商品宣传展销为目的的商业性，以文化传播交流为目的的文化性，以为社会福利赈灾筹款为目的的公益性，还有集多种作用于一身的综合性。这一时期，中国服装表演具有服装种类多样化、节目内容丰富化和参演人员多元化等时代特征。

20世纪初期，中国服装表演对推动社会进步产生了积极的影响。在经济方面，服装表演转变了营销方式，促进商家之间的合作，并振兴了国货服装；在文化方面，服装表演改变了封建礼教下落后的审美观念，衍生出相关行业，丰富了当时民众的精神生活；在思想方面，服装表演对封建落后思想的破除和妇女社会地位的提升起到了帮助作用。

改革开放后的动态服装表演，按目的可以分为四种类型，分别是服装信息发布会、商业发布会、欣赏性服装表演和大赛类服装表演。由引进来到走出去、由禁止到开放、由业余到专业是改革开放后中国服装表演的特点。对表演人员的称谓、表演人员身份、表演方式、表演舞台变化等都随着社会思想环境的变化而变化。

20世纪90年代后，中国服装表演更加专业化、国际化。商业性和文化性作为贯穿整个服装展演发展历程的两种性质，在各个时期均有显著表现。因此，在中国未来服装表演行业的发展规划中，也应着重向这两个方面发展。

一、服装表演的品牌价值

服装品牌和服装表演，二者关系密不可分。服装品牌以服装为载体，而服装却是以模特为载体，每一个成熟的服装品牌都应该拥有一支完整的服装表演队伍，并且能够做到与时俱进，不断完善。服装表演依赖于服装品牌这个载体，并与服装品牌得到同步提升。服装表演通常被认为是一种特殊的传播方式，它能够准确地传递时尚信息。在服装业与服装表演业共同发展的大背景下，静态服装展示和动态表演对服装品牌的形成都起着至关重要的作用。服装表演的价值在于如何通过每一次来达到提升品牌价值的目的。只有这样，服装品牌的价值才有顽强的生命力。服装表演本身就具有传播的特性，优秀的服装表演更是深谙传播的艺术。商业品质和艺术品质的结合，对品牌推广和文化建设起着至关重要的作用。当一场服装表演取得成功时，品牌价值的提升将变得相对容易。公众的眼光越来越挑剔，当某一品牌达到公众所期望的高度，它就能屹立于当今这个竞争残酷的社会，将形象烙印在大众的心里。

二、服装表演的商业价值

服装表演在商业上的可观价值带动了一系列产业的发展。从商业化的角度来看，中国广告行业在发展趋向成熟的同时，也带动了服装表演行业广告业务的高速进步，并且推动了整个服装市场的运行。服装表演独立于现有的广告公司模式，这并非简单的媒介，服装表演展示产品的整个过程本身就具有广告属性和媒介宣传能力。随着网络社会的发展繁荣，大众接触媒介的习惯已经开始改变，服装表演无论是在综合性还是专业性方面都将面对更加复杂的竞争形势。

三、服装表演的民族文化价值

服装表演在艺术层面属于文化传播的一个分支。当今社会，人们对服装的追求变化越来越严格，单一的服装文化传播在人类文明的发展进步中逐渐被淘汰。时代进步伴随着民族复兴，民族特色和地域特色成为服装表演的重要组成部分，而符合社会发展特点的时尚表演必须紧跟时代，与时俱进。目前，服装表演行业需要结合本国的现状，发展和传播中华民族文化。事实上，在服装表演从国外进入中国的同时，表演的具体内容和文化效果已经实现本土化。无论是"中国风"的兴起，还是中国传统文化在服装表演中的广泛应用，都凸显出服装文化与传统艺术的联系正在加强和稳固，并影响着整个世界。随着技术的进步和民族文化实力的增强，中国特色服饰能够以一种特殊的艺术形式展现出自己独特的优势，在民族文化传播的历史舞台上占据不可替代的地位。

四、服装表演的技术价值

随着时代的进步，科技的日新月异，服装表演与现代先进技术的结合早已屡见不鲜。一场精彩的服装表演是由很多部分无缝隙组合构成，其中当然也蕴藏了许多的技术条件。服装表演的根本价值是为了促进服装的销售以创造更大的经济价值，不管表演方式如何，服装是表演的主体，如何将设计师的设计出彩地展现给大众，是服装表演编导的创意所在。创意是不走寻常路，只有引领时尚潮流，才能占领市场空间，技术创造了新的价值高度。服装表演行业已经走进一个新时代，服装是一大看点，舞台美术设计和高科技艺术的完美配合是服装表演的点睛之笔。一场完美的服装表演不能抛开舞美技术的支持而单独存在。先进的灯光技术背景与屏幕设备搭配技术员的组合才能让舞台创意非凡。服装表演美的创造不仅反映着服装设计的美，也诠释着服装表演展示带来的艺术理念，在文化层面有效向艺术受众传达价值内涵。为了构建更加完美的艺术形象，在表演准备阶段要通过大量的实践和反复的研究，思考如何运用更加巧妙的方法，打造更加精彩的艺术表现模式，使观众在欣赏服装表演时感受艺术、享受艺术，将服装表演之美发挥到极致。

五、服装表演的教育价值

服装表演作为一个专业学科，所产生的影响和意义备受关注。服装表演是当下流行的一种文化活动，其在现代商业化运作的同时，艺术性和文化性的提升也令人们日益认同。如何培养高素质服装表演综合型人才是服装表演教育行业的一大重任。服装表演专业除了培养模特的基本技能之外，还要兼顾理论的深层次认知以及对相关学科的设计能力。

服装表演使服装传播资讯以一种艺术形态呈现出来。服装表演是文化、时尚碰撞融合的产物，具有文化价值和商业价值。服装文化对于人类的进步、社会的发展价值是延续的，也是具有永恒研究价值的，中国服装表演是历史长河里的一颗璀璨钻石，历久弥新。服装表演作为文化传承的一部分，也是后现代服装文化发展中兴起的一种商业手段，每一个时期的服装表演都表现了同一时代服装行业的兴荣衰败，记载了服装行业发展的文化印记与时尚变迁。

六、中国服装表演发展前景

经过长期的发展演变，随着人们对精神文化生活要求的不断提高，今天的服装表演承载着宣传服装文化、促进国际文化交流、展现创新意识等更加深刻的内涵。服装表演不仅是一种简单的商业行为，更是一种基于商业目的的多元化艺术探索活动。

1. 宣传产品特点，树立品牌文化

服装广告是一个多维度、综合性的宣传过程，往往采用报纸、电视和广播、艺术表演等多种宣传手段。其中，服装艺术表演是最吸引人、最直观的宣传方式。因此，很多商家更注重服装的艺术表现，聘请名模或明星带动消费者的热情，精心的舞台设计和乐舞搭配等带来更好的视觉体验，同时在原设计师设计服装的基础上，倾向于加入多种元素，致力于突出产品的特色，树立更加积极向上、让人过目不忘的企业形象。

2. 弘扬民族文化，促进国际交流

服饰文化作为文化的重要组成部分，深受传统民族文化的影响。在国际化快速发展的今天，我们在吸收外来文化和技术的同时，也要保留本民族服装文化和技术。弘扬民族文化并不是仅仅穿上旗袍或汉服进行展示，而是要深刻理解服饰文化的内涵和精神，提炼中国文化元素，将古典文化与现代文化有机结合，使艺术展示更具包容性。中华民族有着五千年悠久的历史文化，这也是很多设计师和服装表演编导源源不断的灵感来源。中国服装表演编导需要认真了解中国文化，取其精华去其糟粕，两者结合，才能达到国际化的效果。近年来，越来越多的中国元素出现在国际秀场中，受到了很多外国朋友的喜爱。我们要树立民族服饰的表演风格，不断弘扬这一民族特色，在接受外来文化的同时，也输出自己的文化，实现国际文化交流与融合。

3. 回顾传统文化，引导时尚文明

时尚也代表着人们的普遍喜好，而服装的时尚则是时尚的风向标。自古以来，追逐时尚就是爱美人的天性，对时尚的追求是服装文化持续发展的动力。大众对时尚的理解方式多种多样，服装表演是系统的、多元的表演艺术，一场服装表演可以掀起一股时尚浪潮。

服装表演艺术逐渐从最初的商业营销手段转向传播文化诉求、树立品牌形象中来。在中国服装表演艺术的发展过程中，其始终与中国传统文化有着千丝万缕的联系，所以在发展中，应在保留中国元素的基础上，取其精华去其糟粕，将两者有机结合在一起，为人们提供更完美的视觉体验。服装表演艺术的发展仍有巨大的市场需求和良好的发展前景。商家和设计师通过提升服务行业的品质，丰富服装表演的内容和形式，紧跟国际发展趋势，保留中国文化元素，这样才可以进一步提升服装表演艺术的效果，更好地实现中国服装表演艺术多元化的功能。

5

第五章
中国特色服装表演创编

　　服装是一种记忆，也是一种语言，服装的变化同时也能反映出了一个时代的变迁。中华民族传统文化与服装表演的融合是中国向世界展示文化风貌的重要载体之一，任何伟大的艺术创造，都离不开深厚的文化底蕴。传统文化元素能够给现代服装表演带来新的启示与参考，而注入传统文化元素的服装表演，能够更好地展现中华文化之美，并将这种独特的美通过服装表演这一载体呈现到人们的眼前。中国特色的服装表演创编能让我国服装表演焕发出新的魅力，实现文化的传承与弘扬，能够树立文化自信、坚定文化自信，让中国文化走向世界。

　　有中国特色的服装表演理论与实践，是指与我国国情紧密结合的，适合我国区域特点、民族共性和民族个性的大众艺术理论体系和在这一理论体系指导下的实践方略，其核心内容是我国服装表演的民族化、本土化。随着大众服装表演的普及，当人们把服装表演当作提升个人形象气质方式的时候，更多地开始考虑活动的内容和方式方法，当人们的思维与行动紧密地与自身的具体状况，比如年龄特征、技能水平、价值观念等结合在一起。人们迫切需要一个可供选择的，既能满足普遍特点又适合自身具体状况的服装表演实践体系。

第一节　服装表演中国化

　　对于"中国化"一词首先想到的是"马克思主义中国化"，而毛泽东是提出"马克思主义中国化"这一科学命题的第一人，他指出：马克思主义的中国化，使之在其每一表现中带着中国的特性❶。中国化服装表演创编是指在服装表演元素编排中要表现出与西方不同的"中国特色"来，立足于中国方式，使之由"西方形式"变为"中国形式"，充分运用中国传统文化资源的感官元素，转换成符合当代艺术语境的艺术形式，用这种中国当代艺术的形式，参与到国际文化当中，使人们在欣赏服装表演的同时，又能领悟其背后中国文化的根源与脉络。"中国形式"的服装表演，其在视觉元素上显示出中国的民族化、本土化特征，并呈现出中国传统文化的价值和魅力，它是对中国传统文化扬弃中的吸收，也是对西方当代艺术创作方式的借鉴和创新。

一、服装表演中国化的现实价值

服装表演中国化具有很强的现实价值。首先，能直接被个人所接受。中国化的服装表演编排套路富含浓厚的中国文化内涵，显示出独特的中国文化特色，能够直接被国人更好地理解和接受。其次，更具教育和欣赏价值。服装表演不只是展示表演者的"柔"和"刚"，更是一种展示美的艺术项目，中国化的服装表演编排套路能够更好地展示出中国人的灵秀之美，符合中国大众的审美心理和欣赏水平，激励中国大众追求美的行为。再次，体现艺术文化价值。除了展示表演者自身的美，中国化的服装表演还展示了浓厚的中国文化，向世界人民宣扬我国独特的艺术内涵，丰富世界艺术文化的内容，向世界展示中国传统民族文化的魅力。最后，为传统艺术文化的现代化提供了崭新的视角。为发扬我国传统艺术文化，延续中国文化精髓，必须寻找更多的途径和方式来实现我国艺术文化的现代化，服装表演编排的中国化就是在这种需求中为传统文化的现代化提供了新的视角。

服装表演编排的中国化理论通过控制音乐节奏和节拍数来指导编排的中国化实践。这个过程包含提炼服装表演的运用元素、选取优秀的中国风格音乐并对音乐加工、剪辑、制作、保存等。选择合适的动作与内容、转体方式、行走路线，形成展示与风格节奏匹配和谐的中国化的服装表演成套编排。

经过系统的设计编排后，就要在反复的演练过程中考虑服装的特色。也许这个过程在创编之初就有了大致方向，选择与音乐风格相应的中国风格服饰和道具；音乐节奏激烈欢快时应选择热情、鲜艳、俏丽的颜色，如红色、橙色、黄色等；音乐节奏优雅抒情时应采用比较柔和的色彩如淡蓝色、浅黄色、淡紫色等。在以上审美范畴内

---

❶ 龚界文．"马克思主义中国化研究"新进展［N］．北京日报，2004-09-27．

融入具有浓郁中国风色彩的中国艺术服饰，发扬中国色彩服饰艺术，引领世界时尚文化。

二、服装表演中国化创编的发展对策

服装表演中国化创编是一个长期的过程，其主要思路应该是解放思想，大胆创新和尝试，细心探索和论证。在充分的理论论证与可行性研究的前提下，应首先在专业院校、基层教学及社会培训机构中进行实践探索，从中找出操作性较强的途径和方法，以此促进服装表演中国化创编的发展。

1. 在发展中不断改革

服装表演作为一种社会文化现象，应该发挥自身的文化功能和作用，向积极层面发展。因此，服装表演编排中国化的前提是要把编创放入我国社会发展的大环境中去考虑。要以战略立意的高度，坚持中国特色社会主义核心价值观，牢牢把握先进文化的前进方向，把服装表演编排的中国化创新发展成为一种高起点、高品位、高质量的社会文化，并在满足文化艺术发展需要的同时体现国人朝气蓬勃的精神面貌和民族精神。

2. 加强服装表演中国化的基础理论研究

我国丰富多彩的民族音乐、风格多变的民族服饰都有着独特的民族魅力，但是它们与服装表演编排的契合点在哪里，为何能表现服装表演编排的中国化，所具备的功能及文化价值是什么，所传达的特定精神是什么，这些问题都应该运用多学科的理论知识去解释，因此，必须加强服装表演编排中国化的基础理论研究。从另一角度来看，中国传统民族音乐、民族服饰文化虽然博大精深，但近年来也面临着传承与发展创新的问题，如果能够利用服装表演这个载体，向世界展示和传播我们的民族文化，无疑是个极佳的选择。但是，服装表演作为源自西方的艺术形式，一直具有典型的西方特色，西方人不可能主动地添加中国的民族文化在里面，因为他们不了解属于我们的"文化内涵"。因此，我们必须去探索，在挖掘民族文化的同时，加强基础理论研究，不断进行理论创新，才能为加强服装表演编排的中国化做好理论基础工作。

3. 建立中国特色服装表演编排课程

首先，建立中国的服装表演编排课程不是把西方的理论教学和表演照搬过来，而是在吸收借鉴西方服装表演基本技术与理论基础上建立具有我们自己特点的服装表演编排课程。其次，在培养适应我国社会主义建设与发展需要的专门化服装表演教育和表演人才的过程中，要以我国的民族文化为基础，本着古为今用、洋为中用的指导思想，以科学、严谨、规范的治学态度逐步建立科学有效的服装表演编排课程，将教学建设、教材建设、人才培养等作为课程的理论研究支点，不断充实完善中国服装表演编排课程的建设。最后，重视服装表演编排教材的中国化，把我国丰富的民族音乐、民族舞蹈、民族服饰项目作为学习的重要部分。中国的民族艺术内容丰富多彩、魅力无穷，构成了中国民族文化的大家园。我们要挖掘和继承，同时也要创造，找到合适的服装表演内容，并使之成为学生学习和掌握的一个重要部分。

4. 在教学中不断探索

服装表演的中国化是一个创新性的探索过程。服装表演教学作为传播的重要形式，应该担当起服装表演编排中国化的探索与重任。

首先，将服装表演编排的中国化作为教学改革与训练创新的一个内容，通过引导激励措施，提高教师和教练的积极性，并通过科研立项等形式，加强理论与实践的探索。各种机构也应该重视传播中国民族文化的重要性，认识到中华民族元素的融入对学习积极性的正面影响。

其次，服装表演教师应该认知中国民族文化的意义与重要性，不断增加对中国民族文化的了解，在教学训练实践中不断摸索与创新，在实践中不断积累经验，找出一些可行性方案。

服装表演编排的中国化是必要的和可行的。服装表演编排中国化的必要性是由服装表演的发展特点和我国民族文化特质决定的。服装表演编排中国化的可行性是因为我国有丰富的文化积淀且我国的民族文化迎来了发展的时代契机，因此服装表演编排中国化拥有很强的现实价值。服装表演编排的中国化应注重东西文化的价值审视，其表达形式是创编和演示中国化的服装表演编排套路。促进服装表演编排中国化的对策是在解放思想背景下以理论研究论证为前提，以教学训练探索为基础，在表演中不断进行尝试。

第二节　服装表演创编元素的构建

服装表演技能是从业者的必备技能。针对训练的构建与培养研究，要在分析现状的基础上有目的地进行改革与探索。首先要进行知识体系的构建，包含构建的内容与原则；其次要进行教学方法的探索，常变常新；最后要发挥服装表演者的积极主动性和个性化发展，从而提高服装表演技能的水平，发挥好传播与媒介的作用。

服装表演元素构建与培养内容要全面、培养方式要切合行业发展的需求，其中应该包含服装表演技能知识体系如何构建、怎样实施等内容。培养模式既有理论的基础，也有实践的印证，做到与时俱进。

为了达到合理、全面、可行性目的，服装表演技能训练构建与培养的构建应该遵循一定的原则。首先是直观性与真实性，服装表演技能训练的知识与内容要直观、明了，避免学习者盲目学习，脚踏实地，从根本上出发，贴合社会、行业和专业的发展需求，避免不切实际或停滞落后的情况。其次是系统性和阶段性，服装表演技能训练体系的构建要遵循系统化原则，有序进行，从建立动作表象、示范与模仿，到练习强化并加以个性化创作形成个体风格与特征，再到熟练应用与灵活创造，这样服装表演者的知识结构才不会断层。在培养的过程中不能急于求进，一个阶段掌握扎实了再进行下一个阶段，环环相扣，实现知识链的完整。所以在构建与学习的过程中应经过由简到难的阶段进程，跳跃式的进程易影响学习者的积极性，要避免一蹴而就，重视夯实专业基础与素养，力求达到学有所成。

一、服装表演整体元素的构成

服装表演技能训练是由不同阶段构成的系统，这一系统的形成要涵盖动作技能的训练和文化素养的学习范畴。服装表演动作技能是服装表演训练知识体系的基础，建立动作表象，包括模特的台步技巧、停步定点造型、不同风格转体、表情、形体训练、舞台表现力等内容。

（一）身体姿态造型的应用

"姿态造型"是浓缩的肢体语言，是模特表演时尚生活形态的基本手段之一。在服装展示中，模特的造型主要由头部、躯干、手和手臂、腿四部分组成，姿势可分为躯干成几何体错位的典雅造型，其形式是丰富多彩的。

1. 手臂运动的基本方法

手臂不定型变化有无限的可能性发生，具有非常的艺术表现力。当胳膊每移动一个点就产生一种形态变化，形成自然变形、弯曲有致、收放自如、优雅流畅的姿态造型动作组合即各种各样的形态线条，丰富了肢体形态变化的表现能力，同时也充分发挥了独立性，所以手臂的运动可以不断创造新颖的、变化丰富的姿态动作造型，营造强烈的视觉冲击效果。模特可将手置于脸部部分、身体周围以及下身的空间部分制造出多种多样的造型变化。手臂或插于腰间或摆在身前。

模特姿态造型的手臂变化是无限的，因而这种具有很强的艺术表现力手部的变化对姿态造型具有很大影响。强劲的手形、手位使手部姿态形成自然变形、弯曲有致、收放自由、优雅流畅的各种各样的形态线条，丰富了肢体形态变化的表现能力，同时使个性和独立性也得到了充分的表现。

2. 腿部运动的基本方法

腿部在站立时具有支撑身体重心和转移重心的作用，既可以双腿平均支撑重心，也可以单腿支撑重心，依靠重心的转移与变化训练腿部的多变形态。随着对表演的深入研究，富有变化的各种姿态造型也随之产生。腿在站姿时会产生各种变化，具有独特的效果，巧妙地构成各个弯曲组合，但此时需要寻找到腿的重心及支撑点，使构图稳定而有艺术感。站姿的要领在于模特的重心最好倚重于一只脚，使姿态不至于僵硬。模特要收腹挺胸，以凸显身体的曲线。

腿部在姿态造型中的变化是最丰富的，有很强的表现力，模特必须使腿的角度配合得十分恰当，寻找到腿的重心及支撑点，才能完善姿态造型的整体效果。腿部姿态产生的各种变化，使姿态造型具有独特的效果，弯曲组合。

站姿12点位造型和9点位造型是以钟表盘的方位来定义的造型名称，是服装表演动态走秀时最基本的造型方式。12点位造型是指右脚尖指向1点到2点钟，左脚在右脚前指向12点钟（图5-1），左脚脚后跟抬起，前脚掌内侧有向内触地的感觉，右腿伸直，左腿膝关节弯曲内扣，两脚之间的距离大约一个脚的宽度；当主力脚在右脚时，出右跨在3点；当主力脚在左脚时，出左跨在9点；9点位造型是指右脚尖指向1点到2点钟，左脚在9点位置指向10点到11点钟，左脚脚后跟抬起，前脚掌内侧有向内触地的感觉，两腿平行并伸直，两脚之间的距离与肩同宽或小于肩宽（图5-2）；当主力脚在右脚时，出右跨在3点；当两腿同时承重时，身体左右两边保持对称。如脚位不变，重心平移在左脚上，则出左跨在9点，这种造型也叫3点位造型。

钟表盘的点位变化除了12点位及9点位是动态台前常见的造型，其他的点位造型在特殊风格表演时也会运用，虽然在动态表演时少量运用，但在静态造型展示时会运用钟表盘的任何点位以及点位的变化，不同的点位，配合上肢的动作变化，形成不同的造型。

图5-1 站姿12点位造型

图5-2 站姿9点位造型

（二）台步

模特台步主要是为了表现服装的魅力与灵魂，因此走台步并不是一件简单的事情，要全身配合到位，才能走出自然大方的台步。服装模特必须要掌握的核心技能是：台步、造型和转体。模特的台步不同于平时的行走，有一定程度的夸张，这是为了展示出设计的构思以及营造舞台效果。女模特行走时两脚成一字形前进，落地要稳和轻，气息向上，保持自然挺拔；男模特多为平行步，行走时应当身体直立、收腹直腰、两眼平视前方，双臂放松在身体两侧自然摆动，脚尖向正前方伸出，跨步均匀，步伐稳健，步履自然，有节奏感。步幅的大小应根据身高、着装的不同而有所调整；落脚点要适中，不能完全落在脚跟上，也不能脚跟和脚尖同时落地，一定要等前脚落稳了，后脚跟上才可以有向前蹬的力量。两臂自然摆动，不晃肩膀，手掌朝向身体，虎口向前，以身体为中心，前后摆臂，不要摆在身体内侧，可以在向前摆臂时向两侧20度以内，角度不能太大；做到姿态自然，全身协调，不僵直，不摇摆。

（三）方位

方位是训练前的一项重要的认知，只有认清方向，才能在之后的课程和训练中理解和掌握教师的专业术语与动作讲解。以钟表盘时钟的指针为点，模特站在教室中间为例，正前方为12点，正后方为6点，右侧方为3点，左侧方为9点（图5-3）。

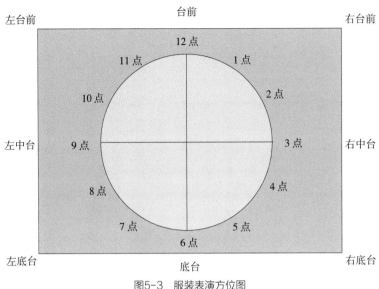

图5-3　服装表演方位图

（四）定点造型

定点造型是指模特走到指定位置停下来后，在一个短时间的停顿中所摆出的姿势，一般在上场、台前、下场出现，于台步及转身衔接时使用，是静止的状态，可以使观众近距离欣赏服装的款式、细节、款式。

服装表演是动态与静态表演结合的过程，行走时需要在台前或指定位置停下来造型展示。造型是姿态优美的保证，模特主要通过脚位与体位的变化来完成造型。造型要与服装的主题及风格吻合，并且要懂得服装的结构。造型是为了更好地展示服装的结构和特点，并作为动态的一种调节，做造型时身体往往会呈现曲线，所以更应该注意要有挺拔向上的力度，注意把握人体的平衡感，并且要有节奏感。

定点造型也叫停步定点，是服装展示的重要方法。模特停步时，不仅展示了服装美，也表现了模特自身的美。停步时根据服装不同的风格可以停成12点位或9点位造型，停步后走台方位不变为直接停步；停步后与走台的方向为90°，叫作90°停步，也叫四分之一停，90°停步有左右两侧90°停步；停步后方向与走台方向相反为180°停步，也叫二分之一停步；停步时通过270°转体完成的造型，叫作270°停步，也叫四分之三停步。

（五）转体

转体是两种表演方向的中间转换点，是在观众或镜头前展示服装和模特多角度的主要方法。模特的台步与转体紧密连接，并与造型融为一体，台前转体是服装表演中的一个重要环节，因而转体过程是最能打动观众、调动观众情绪的时刻，所以转体要流畅，并按一定的节奏、韵律进行。模特的头、肩、脚相辅相成，转体过程不但能够捕捉到很多完美的瞬间，也是编排节目成的套动作中构成的主要看点之一，动作完成是否规范及美观将直接影响服装表演的整体效果。不同角度的停步及转体会带给观众不同的视觉感受。

1. 90° 转体

90° 转体有上步90° 转体和移重心90° 转体，这个取决于我们的重心腿和转体方式，上步90° 转体后重心腿和自由腿没有改变，而移重心90° 转体后改变了重心腿和自由腿。

（1）上步90° 转体。12点位停步造型4拍，第5拍向前迈左脚，第6拍向右侧落下右脚时，脚的朝向已经向左转90°，脚位依然保持12点位，身体朝向左转45°，面部朝向基本还是正面，这样的姿态要保持3拍，然后左脚向后撤步，右脚正常向后迈步时才回头（视频5-1）。9点位停步造型4拍，第5拍向前迈左脚，第6拍前侧迈右脚时，脚的朝向已经向左转90°，脚位依然保持9点位，身体朝向左转45°，面部朝向基本还是正面，这样的姿态要保持3拍，然后左脚向后撤步，右脚正常向后迈步时才回头（视频5-2）。12点位与9点位的上步90° 转体仅在两次定位时脚位不同，其各自保持着原本的造型，其他动作和节拍一致；除了正面停步，也可以在其他方位的停步后运用上步90° 转体。

视频5-1 12点位上步90° 转体　　　视频5-2　9点位上步90° 转体

（2）移重心90° 转体。以正面停步造型为例，模特正面停步12点位造型停4拍，第5拍自由脚向后撤到距主力脚的脚后跟一脚距离，落地变为主力脚并脚位向右转90°，身体及面部朝向在右45° 左右停3拍，第8拍向后撤右脚，随后回头正常向后走（视频5-3）。模特正面停步9点位造型停4拍，第5拍自由脚向前方迈步落地变为主力脚并脚位向右转90°，面部朝向在右45° 左右，停3拍，第8拍向后撤右脚，随后回头正常向后走（视频5-4）。除了正面停步，也可以在其他方位的停步后运用移重心90° 转体。比如90° 停步或180° 停步后，再移重心90度转体，或是在组合中穿插运用。

视频5-3　12点位移重心90°转体　　　视频5-4　9点位移重心90°转体

2. 180°转体

180°转体也叫半转体，有三种方式分别是：上步180°转体、移重心180°转体、直接180°转体。

（1）上步180°转体。12点位停步造型4拍后，第5拍向前迈左脚，第6拍向前迈右脚同时右脚尖向右90°，第7拍继续向后转，此时脚的方位已经转体180°，并且保持12点位，但肩部、面部还留在10点方向，第8拍，回头，肩部身体调整好，完全180°转体（视频5-5）。9点位停步造型4拍后，第5拍插步向右前方迈出左脚，第6拍右脚要找到与左脚平行的位置且两脚距离仍然是9点位的宽度，第7拍保持，第8拍回头，肩部身体调整好，完全180°转体（视频5-6）。12点位与9点位的上步180°转体脚位、过程和节拍都不同。除了正面停步以外，上步180°转体还可以在其他方位的停步后运用。

视频5-5　12点位停步时上步180°转体　　　视频5-6　9点位停步时上步180°转体

（2）移重心180°转体。移重心180°转体只适合于12点位停步造型，正面停步4拍，第5拍左脚向前抬起在落时，脚尖向右转90°并且变为重心腿，第6拍两脚同时向右转，脚位保持换重心后的12点位，第7拍回头，并且调整好肩部与胯部位置，第8拍右脚落下变为重心（视频5-7）。台前移重心180°转体还可以两侧停步时运用，也可以在中场的180°停步时运用。

（3）直接180°转体。直接180°转体也叫直接半转体，只适合于正面停步或在组合转体中运用，在前台12点位停3拍，第4拍两脚同时向左转90°之后继续向后撤左脚，接着回头（视频5-8）；9点位直接180°转体节拍与方式同12位停步造型是一样的，由于停步造型时不同，因此第4拍的脚位不同（图5-12）。

视频5-7　12点位移重心180°转体　　视频5-8　直接180°转体

3. 撤步转体

撤步转体可以撤1步，也可以撤2步，只适合于9点位直接停步造型或在组合中运用，是一种中性或男性化的转体。以撤2步为例，正面停步4拍，第5拍先向后撤左脚，第6拍再向后撤右脚时向左侧转90°，随后第7拍撤左脚，第八拍迈右脚并回头（视频5-9）。

视频5-9　9点位撤步转体

4. 大角度与组合转体

除了小角度转体外，大的角度只有270°可以在12点位停步造型时上步转体270°完成，12点位上步270°转体可以直接停步，也可以右侧90°停步，还可以180°停步完成，而9点位除了右侧90°停步时可以完成上步270°转体，其他的方位都不能直接转到270°，大角度转体都是通过连续的同一个方向的转体来组成，比如上步90°转体与上步180°转体组合可以构成270°，连续两次上步180°可以完成360°转体。以此规律类推，除了同一方向的转体，还有不同方向和角度的转体，叫作多方位组合转体。组合转体可以更好地展示服装的整体效果，展示模特更多的角度，更好地展示传达服装的设计和创意，为服装增添艺术效果，增强表演的难度和艺术看点。❶

二、台步、停步与转体元素分类

服装表演走台与停步转体元素的创编以从底台前行8拍为基础，前行4拍或回行4拍都在中台，停步一般是4拍，转体为4-8拍。

❶ 郭海燕. 服装模特停步方位与转体角度研究［J］. 服饰导刊，10（1）：68-74.

（一）单个元素

单个元素指台前展示4-8拍，如停步，或停步后接一个4拍的转体再回行，没有中场的停步展示，整体动作及路线较为简洁，适合多人编排时的平缓阶段，分组依次行走。

1. 台前4拍元素

（1）12点位台前4拍元素。12点位台前4拍元素包括台前左侧90°停步、右侧90°停步、上步180°停步、移重心180°停步、上步270°停步、移重心270°停步以及正面停步后直接半转体。台前4拍，前后行走8拍，见表5-1。

表5-1　12点位台前4拍元素

台前停步 4 拍
左侧 90° 停步（即上步 90° 停步）
右侧 90° 停步（即移重心 90° 停步）
上步 180° 停步
移重心 180° 停步
上步 270° 停步
移重心 270° 停步
正面直接停步 3 拍 + 直接半转体 1 拍

（2）9点位台前4拍元素。9点位台前4拍元素包括台前左侧90°停步、右侧90°停步、上步180°停步、正面停步后直接半转体、正面停步后撤1步回行、正面停步后撤2步回行；台前4拍，前后行走8拍，见表5-2。

表5-2　9点位台前4拍元素

台前停步 4 拍
左侧 90° 停步（即上步 90° 停步）
右侧 90° 停步（即移重心 90° 停步）
180° 停步
正面直接停步 + 撤一步（左脚）
正面直接停步 + 撤一步（右脚）
正面直接停步 + 撤两步
正面直接停步 + 直接半转体

2. 台前8拍元素

（1）12点位台前8拍元素。12点位台前8拍元素包括台前各个方位停步后再运用4拍的转体变为背面或者两侧，再回行8拍，见表5-3。

表5-3　12点位台前8拍元素

台前停步 4 拍	转体 4 拍
正面直接停步	上步 90° 转体
	上步 180° 转体
	上步 270° 转体
	移重心 90° 转体
	移重心 180° 转体
	移重心 270° 转体
左侧 90° 停步	上步 90° 转体
	上步 180° 转体
	上步 270° 转体 + 直接半转体
	移重心 90° 转体 + 直接半转体
	移重心 180° 转体
	移重心 270° 转体
右侧 90° 停步	上步 90° 转体
	上步 180° 转体
	上步 270° 转体 + 直接半转体
	移重心 90° 转体 + 直接半转体
	移重心 180° 转体
	移重心 270° 转体
上步 180° 停步	上步 90° 转体
	上步 180° 转体 + 直接半转体
	上步 270° 转体
	移重心 90° 转体
	移重心 180° 转体 + 直接半转体
	移重心 270° 转体
移重心 180° 停步	上步 90° 转体
	上步 180° 转体 + 直接半转体
	上步 270° 转体
	移重心 90° 转体
	移重心 180° 转体 + 直接半转体
	移重心 270° 转体

台前停步 4 拍	转体 4 拍
上步 270° 停步	上步 90° 转体 + 直接半转体
	上步 180° 转体
	上步 270° 转体
	移重心 90° 转体
	移重心 180° 转体
	移重心 270° 转体 + 直接半转体
移重心 270° 停步	上步 90° 转体 + 直接半转体
	上步 180° 转体
	上步 270° 转体
	移重心 90° 转体
	移重心 180° 转体
	移重心 270° 转体 + 直接半转体
360° 旋转	上步 180° 转体

（2）9点位台前8拍元素。9点位台前8拍元素包括台前各个方位停步后再运用4拍的转体变为背面或者两侧，再回行8拍，见表5-4。

表5-4　9点位台前8拍元素

台前停步方位 4 拍	转体 4 拍
正面直接停步	上步 90° 转体
	上步 180° 转体
	移重心 90° 转体
	平行移重心 + 撤步回行
左侧 90° 停步	上步 90° 转体
	上步 180° 转体
	上步 270° 转体 + 撤步回行
	上步 270° 转体 + 直接半转体
	移重心 90° 转体 + 撤步回行
	移重心 90° 转体 + 直接半转体
右侧 90° 停步	上步 90° 转体 + 撤步回行
	平行移重心 + 上步 180° 转体
	平行移重心 + 上步 270° 转体
	移重心 90° 转体 + 撤步回行
	移重心 90° 转体 + 直接半转体

续表

台前停步方位 4 拍	转体 4 拍
180° 停步	上步 90° 转体
	上步 180° 转体 + 撤步回行
	移重心 90° 转体

3. 前行中台8拍元素

前行中台8拍元素包括各个方位停步后再运用4拍的转体变为正面或者两侧，这样可以继续前行或有指定路线两边行走，见表5-5、表5-6。

表5-5　12点位前行中台8拍元素

前行中台 8 拍	
停步 4 拍	转体 4 拍
上步 180° 停步	移重心 180° 转体
移重心 180° 停步	
上步 180° 停步	上步 180° 转体
移重心 180° 停步	
左侧 90° 停步	移重心 90° 转体
	移重心 180° 转体
	上步 270 转体
右侧 90° 停步	移重心 90° 转体
	移重心 180° 转体
	上步 270 转体

表5-6　9点位前行中台8拍元素

前行中台 8 拍	
停步 4 拍	转体 4 拍
正面直接停步	平行移重心
上步 180° 停步	上步 180° 转体
左侧 90° 停步	移重心 90° 转体
	上步 270° 转体
右侧 90° 停步	移重心 90° 转体
	上步 270° 转体

4．回行中台8拍元素

回行中台8拍元素包括各个方位停步后再运用4拍的转体变为背面或者两侧，这样可以继续回行或有指定路线两边行走，见表5-7、表5-8。

表5-7　12点位回行中台8拍元素

回行中台 8 拍	
停步 4 拍	转体 4 拍
上步 180° 停步（正面）	上步 90° 转体
	上步 180° 转体
	移重心 90° 转体
	移重心 180° 转体
移重心 180° 停步（正面）	上步 90° 转体
	上步 180° 转体
	移重心 90° 转体
	移重心 180° 转体
左侧 90° 停步	上步 180° 转体
	上步 270° 转体
右侧 90° 停步	上步 180° 转体
	上步 270° 转体
上步 270° 停步	移重心 180° 转体
	移重心 270° 转体
移重心 270° 停步	移重心 180° 转体
	移重心 270° 转体

表5-8　9点位回行中台8拍元素

回行中台 8 拍	
停步 4 拍	转体 4 拍
上步 180° 停步（正面）	上步 90° 转体
	上步 180° 转体
	移重心 90° 转体
左侧 90° 停步	上步 90° 转体（正面）+ 直接半转体
	上步 90° 转体（正面）+ 撤步回行
	上步 180° 转体
	上步 270° 转体
右侧 90° 停步	上步 90° 转体（正面）+ 直接半转体
	上步 90° 转体（正面）+ 撤步回行
	上步 180° 转体
	上步 270° 转体

（二）组合元素

组合元素指台前展示4×8拍，前行或回行至中台再展示4×8拍，还可以前后行走8拍，在台前展示12拍，即停步后运用两次组合转体，整体动作较为丰富，在同一组元素中尽量展示不同的方位，使展示的角度更加全面，大多为一个元素4个8拍，适合运用在个人或集体的成套编排。

台前与中场两次展示的节拍不同，如台前运用了8拍，则回行中台运用4拍；如台前运用了4拍，则回行中场运用8拍，这样的组合元素适合大多数4×8拍的音乐，可以直接提炼运用，或配以不同的道具、不同风格的服饰以及音乐，编排出成套的主题服装表演。

1. 台前8拍与回行中台4拍组合元素

回行中场4拍的动作仅限左右两侧的停步后随即回行，12点位台前8拍的动作元素很多，除了正面直接停步外，各个方位以及转体已经丰富地展现，但正面直接停步相比较单调，因此在正面直接停步后的转体中加入回行中台左右两侧展示更恰当，见表5-9、表5-10。

表5-9　12点位台前8拍与回行中场4拍组合元素（4×8拍）

台前8拍		回行中场4拍
台前停步方位4拍	转体4拍	
正面直接停步	上步90°转体	
	上步180°转体	
	上步270°转体	
	移重心90°转体	
	移重心180°转体	
	移重心270°转体	
左侧90°停步	上步90°转体	12点位回行中场可用的4拍元素有：左侧90°停步、右侧90°停步、上步180°停步+直接半转体、移重心180°停步+直接半转体、上步270°停步、移重心270°停步
	上步180°转体	
	上步270°转体+直接半转体	
	移重心90°转体+直接半转体	
	移重心180°转体	
	移重心270°转体	
右侧90°停步	上步90°转体	
	上步180°转体	
	上步270°转体+直接半转体	
	移重心90°转体+直接半转体	
	移重心180°转体	
	移重心270°转体	

续表

台前 8 拍		回行中场 4 拍
上步 180° 停步	上步 90° 转体	12 点位回行中场可用的 4 拍元素有：左侧 90° 停步、右侧 90° 停步、上步 180° 停步 + 直接半转体、移重心 180° 停步 + 直接半转体、上步 270° 停步、移重心 270° 停步
	上步 180° 转体 + 直接半转体	
	上步 270° 转体	
	移重心 90° 转体	
	移重心 180° 转体 + 直接半转体	
	移重心 270° 转体	
移重心 180° 停步	上步 90° 转体	
	上步 180° 转体 + 直接半转体	
	上步 270° 转体	
	移重心 90° 转体	
	移重心 180° 转体 + 直接半转体	
	移重心 270° 转体	
上步 270° 停步	上步 90° 转体 + 直接半转体	
	上步 180° 转体	
	上步 270° 转体	
	移重心 90° 转体	
	移重心 180° 转体	
	移重心 270° 转体 + 直接半转体	
移重心 270° 停步	上步 90° 转体 + 直接半转体	
	上步 180° 转体	
	上步 270° 转体	
	移重心 90° 转体	
	移重心 180° 转体	
	移重心 270° 转体 + 直接半转体	
360° 旋转	上步 180° 转体	

表5-10　9点位台前8拍与回行中场4拍组合元素（4×8拍）

台前 8 拍		回行中场 4 拍
停步 4 拍	转体 4 拍	9点位回行中场可用的 4拍元素有：左侧90° 停步、右侧90° 停步、上步 180° 停步+直接半转体、上步180° 停步撤步回行
正面直接停步	上步 90° 转体	
	上步 180° 转体	
	移重心 90° 转体	
	平行移重心 + 撤步回行	

台前 8 拍		回行中场 4 拍
左侧 90° 停步	上步 90° 转体	9点位回行中场可用的4拍元素有：左侧90° 停步、右侧90° 停步、上步180°停步+直接半转体、上步180° 停步撤步回行
	上步 180° 转体	
	上步 270° 转体 + 撤步回行	
	上步 270° 转体 + 直接半转体	
	移重心 90° 转体 + 撤步回行	
	移重心 90° 转体 + 直接半转体	
右侧 90° 停步	上步 90° 转体 + 撤步回行	
	平行移重心 + 上步 180° 转体	
	平行移重心 + 上步 270° 转体	
	移重心 90° 转体 + 撤步回行	
	移重心 90° 转体 + 直接半转体	
180° 停步	上步 90° 转体	
	上步 180° 转体 + 撤步回行	
	移重心 90° 转体	

2. 台前4拍与回行中场8拍组合元素

台前4拍的动作元素固定，且不能更好地进行展示，因此在回行的中场进行不同方向的停步与转体，丰富画面，加强展示效果，见表5-11、表5-12。

表5-11　12点位台前4拍与回行中台8拍组合元素（4×8拍）

台前 4 拍	回行中场 8 拍	
12点位台前4拍元素有：左侧90° 停步、右侧90° 停步、上步180° 停步、移重心180° 停步、上步270° 停步、移重心270° 停步、正面直接停步 + 直接半转体	停步 4 拍	转体 4 拍
	上步 180° 停步（正面）	上步 90° 转体
		上步 180° 转体
		移重心 90° 转体
		移重心 180° 转体
	移重心 180° 停步（正面）	上步 90° 转体
		上步 180° 转体
		移重心 90° 转体
		移重心 180° 转体
	左侧 90° 停步	上步 180° 转体
		上步 270° 转体

台前 4 拍	回行中场 8 拍	
12 点位台前 4 拍元素有：左侧 90° 停步、右侧 90° 停步、上步 180° 停步、移重心 180° 停步、上步 270° 停步、移重心 270° 停步、正面直接停步 + 直接半转体	右侧 90° 停步	上步 180° 转体
		上步 270° 转体
	上步 270° 停步	移重心 180° 转体
		移重心 270° 转体
	移重心 270° 停步	移重心 180° 转体
		移重心 270° 转体

表5-12　9点位台前4拍与回行中台8拍组合元素（4×8拍）

台前 4 拍	回行中场 8 拍	
9 点位台前 4 拍元素有：左侧 90° 停步、右侧 90° 停步、上步 180° 停步、正面直接停步 + 撤步回行、正面直接停步 + 直接半转体	停步 4 拍	转体 4 拍
	上步 180° 停步（正面）	上步 90° 转体
		上步 180° 转体
		移重心 90° 转体
	左侧 90° 停步	上步 90° 转体（正面）+ 直接半转体
		上步 90° 转体（正面）+ 撤步回行
		上步 180° 转体
		上步 270° 转体
	右侧 90° 停步	上步 90° 转体（正面）+ 直接半转体
		上步 90° 转体（正面）+ 撤步回行
		上步 180° 转体
		上步 270° 转体

3. 前行中台8拍与台前4拍组合元素

台前4拍的动作元素固定，且不能更好地进行展示，因此在前行的中场进行不同方向的停步与小角度的转体回到正面，丰富画面，加强展示效果，见表5-13、表5-14。

表5-13　12点位前行中台8拍与台前4拍组合元素（4×8拍）

前行中台 8 拍		台前 4 拍
停步 4 拍	转体 4 拍	12 点位台前 4 拍元素有：左侧 90° 停步、右侧 90° 停步、上步 180° 停步、移重心 180° 停步、上步 270° 停步、移重心 270° 停步、正面直接停步 + 直接半转体
上步 180° 停步	移重心 180° 转体	
移重心 180° 停步		
上步 180° 停步	上步 180° 转体	
移重心 180° 停步		

前行中台 8 拍		台前 4 拍
左侧 90° 停步	移重心 90° 转体	12 点位台前 4 拍元素有：左侧 90° 停步、右侧 90° 停步、上步 180° 停步、移重心 180° 停步、上步 270° 停步、移重心 270° 停步、正面直接停步 + 直接半转体
	移重心 180° 转体	
	上步 270° 转体	
右侧 90° 停步	移重心 90° 转体	
	移重心 180° 转体	
	上步 270° 转体	

表5-14　9点位前行中台8拍与台前4拍组合元素（4×8拍）

前行中台 8 拍		台前 4 拍
停步 4 拍	转体 4 拍	9点位台前4拍元素有：左侧90° 停步、右侧90° 停步、上步180° 停步、正面直接停步+撤步回行、正面直接停步+直接半转体
正面直接停步	平行移重心	
上步 180° 停步	上步 180° 转体	
左侧 90° 停步	移重心 90° 转体	
	上步 270° 转体	
右侧 90° 停步	移重心 90° 转体	
	上步 270° 转体	

4. 中台8拍与台前8拍组合元素

中台8拍与台前8拍组合元素一般是进行重点针对性的练习，加强转体的各个方向练习，这样组合的元素一般比4个8拍多出4拍，进行编排时，在有些需要的多出4拍的音乐元素里运用，中台8拍的任何元素可以接前台8拍的任意元素，在组合编排时，尽量有规律的选择，包括12点位前行中台8拍与台前8拍的组合（表5-3、表5-5）、12点位台前8拍与回行中台8拍的组合（表5-3、表5-7）、9点位前行中台8拍与台前8拍的组合（表5-4、表5-6）、9点位台前8拍与回行中台8拍的组合（表5-4、表5-8）。

5. 台前12拍组合元素

台前12拍是指停步4拍，组合转体8拍，这样的组合以及在台前充分的展示，不需要在中场再次停步，一般在成套组合的高潮部分运用，且节拍为4个8拍，运用性强，见表5-15、表5-16。

表5-15　12点位台前12拍组合元素

名称	停步 4 拍	组合转体 8 拍
12 点位 270° 组合转体	正面直接停步	上步 90° + 上步 180° 转体
		上步 180° + 上步 90° 转体
		移重心 180° 转体 + 上步 90° 转体
		移重心 90° 转体 + 上步 180° 转体
	上步 180° 停步	上步 180° 转体 + 上步 90° 转体
		上步 90° 转体 + 上步 180° 转体
		移重心 180° 转体 + 上步 90° 转体
		移重心 90° 转体 + 上步 180° 转体
	移重心 180° 停步	上步 180° 转体 + 上步 90° 转体
		上步 90° 转体 + 上步 180° 转体
		移重心 180° 转体 + 上步 90° 转体
		移重心 90° 转体 + 上步 180° 转体
	左侧 90° 停步	移重心 90° 转体 + 上步 180° 转体
		移重心 180° 转体 + 上步 90° 转体
	右侧 90° 停步	移重心 90° 转体 + 上步 180° 转体
		移重心 180° 转体 + 上步 90° 转体
12 点位 360° 组合转体	上步 180° 停步	上步 90° 转体 + 上步 270° 转体
		上步 270° 转体 + 上步 90° 转体
		移重心 180° 转体 + 上步 180° 转体
		移重心 270° 转体 + 上步 90° 转体
	移重心 180° 停步	上步 90° 转体 + 上步 270° 转体
		移重心 90° 转体 + 上步 270° 转体
		移重心 180° 转体 + 上步 180° 转体
		移重心 270° 转体 + 上步 90° 转体
	左侧 90° 停步	上步 90° 转体 + 上步 270° 转体
		上步 180° 转体 + 上步 180° 转体
		上步 270° 转体 + 上步 90° 转体
		移重心 180° 转体 + 上步 180° 转体
		移重心 270° 转体 + 上步 90° 转体
	右侧 90° 停步	移重心 90° 转体 + 上步 270° 转体
		移重心 180° 转体 + 上步 180° 转体
		移重心 270° 转体 + 上步 90° 转体

名称	停步 4 拍	组合转体 8 拍
12 点位 不同方向 组合转体	正面直接停步	上步 90° 转体 + 移重心 180° 转体
		上步 90° 转体 + 移重心 270° 转体
		上步 180° 转体 + 移重心 90° 转体
		上步 180° 转体 + 移重心 180° 转体 + 直接半转体
		上步 180° 转体 + 移重心 270° 转体
		移重心 90° 转体 + 移重心 180° 转体
		移重心 90° 转体 + 移重心 270° 转体
		移重心 180° 转体 + 移重心 90° 转体
		移重心 180° 转体 + 移重心 180° 转体 + 直接半转体
		移重心 180° 转体 + 移重心 270° 转体
	上步 180° 停步	上步 180° 转体 + 移重心 90° 转体
		上步 180° 转体 + 移重心 180° 转体
		上步 270° 转体 + 移重心 180° 转体
		上步 270° 转体 + 移重心 270° 转体
		移重心 180° 转体 + 移重心 90° 转体
		移重心 180° 转体 + 移重心 180° 转体
		移重心 270° 转体 + 移重心 180° 转体
		移重心 270° 转体 + 移重心 270° 转体
	移重心 180° 停步	上步 180° 转体 + 移重心 90° 转体
		上步 180° 转体 + 移重心 180° 转体
		移重心 180° 转体 + 移重心 90° 转体
		移重心 180° 转体 + 移重心 180° 转体
		移重心 270° 转体 + 移重心 180° 转体
		移重心 270° 转体 + 移重心 270° 转体
	左侧 90° 停步	上步 270° 转体 + 移重心 90° 转体
		上步 270° 转体 + 移重心 180° 转体
		移重心 90° 转体 + 移重心 180° 转体
		移重心 180° 转体 + 移重心 270° 转体
		移重心 270° 转体 + 移重心 90° 转体
	右侧 90° 停步	移重心 90° 转体 + 移重心 180° 转体
		移重心 180° 转体 + 移重心 270° 转体
		移重心 270° 转体 + 移重心 90° 转体

表5-16　9点位台前12拍组合元素

名称	停步 4 拍	组合转体 8 拍
9 点位 270° 组合转体	正面直接停步	上步 90° + 上步 180° 转体
		上步 180° + 上步 90° 转体
	180° 停步	上步 180° 转体 + 上步 90° 转体
		上步 90° 转体 + 上步 180° 转体
	右侧 90° 停步	移重心 90° 转体 + 上步 180° 转体
9 点位 360° 组合转体	180° 停步	上步 90° 转体 + 上步 270° 转体
	左侧 90° 停步	上步 180° 转体 + 上步 180° 转体
		上步 270° 转体 + 上步 90° 转体
	右侧 90° 停步	上步 270° 转体 + 上步 90° 转体
9 点位 不同方向 组合转体	正面直接停步	上步 180° 转体 + 移重心 90° 转体
		上步 90° 转体 + 移重心 90° 转体 + 直接半转体
		移重心 90° 转体 + 移重心 90° 转体 + 直接半转体
		平行移重心 + 上步 90° 转体
		平行移重心 + 上步 180° 转体
		平行移重心 + 移重心 90° 转体
	180° 停步	上步 180° 转体 + 移重心 90° 转体
	左侧 90° 停步	上步 270° 转体 + 移重心 90° 转体
		移重心 90° 转体 + 移重心 90° 转体
	右侧 90° 停步	上步 270° 转体 + 移重心 90° 转体
		移重心 90° 转体 + 移重心 90° 转体

6. 12拍以上组合元素

12拍以上组合元素根据编排需要可以连续叠加不同的转体组成，展示方位较全面，可用于台前，也可运用在前行中台或回行中台。

（三）路线元素

行走路线是将不同元素不同方位、方向运用在不同形状的路线中，如"U"形路线设计从底台一个点出发前行，到台前一个定点，运用停步和转体后向两侧行走，到达台前第二个定点，运用停步和转体向后回行。此外还可以设计为"H"形、"Z"形、倒"T"形、"+"形等不同的路线。大多数路线都有对称的部分，可单人或几拍一跟流水线行走，或两人一组不同的方向"分向展示"，两人方向不同，元素相同，路线相对。除了以上路线之外，还有很多不同的路线或舞台造型或不规则形状等，可根据不同的情况去运用及编排，见表5-17。

表5-17　行走路线元素

名　　　称	定点造型
底台横向来回停步 （一般用作出场或退场，根据节拍调整）	12 点位
	9 点位
"L"形中场出场回底停步 （一般用作出场，根据节拍调整）	12 点位
	9 点位
三角停步 （根据具体节拍调整最后回行的步数）	12 点位
	9 点位
"U"形路线停步与转体 （根据节拍数调整行走的步数及方向）	12 点位
	9 点位
"T"形路线停步与转体	12 点位
	9 点位
"Y"形路线停步与转体	12 点位
	9 点位
"X"形路线停步与转体 （一般用于双人合作）	12 点位
	9 点位
"H"形路线停步 （根据编排调整行走路线）	12 点位
	9 点位
"+"形路线停步	12 点位
	9 点位
"Z"形折线停步	12 点位
	9 点位

（四）原地展示元素

原地展示元素一般是4个8拍，有时结合音乐和编排的需要，也可以2个8拍或8个8拍，或结合上肢造型变化。可以用不同的转体原地展示各个方位，也可以加以道具的运用，穿插在其他动态行走元素中，实现动静结合，见表5-18。

表5-18　原地展示元素

拍数	流程	定点造型
2×8拍	底台移重心90°转体+移重心90°转体+上步90°转体+移重心90°转体	12点位
		9点位
	底台上步90°转体+上步270°转体+移重心90°转体+移重心90°转体	12点位
		9点位
4×8拍	底台移重心90°转体+移重心90°转体+（正面保持4拍）+上步180°转体+（背面保持4拍）+移重心90°转体+上步270°转体	12点位
	前行4拍至中台右侧90°停步+移重心180°转体+移重心90°转体+移重心180°转体+上步90°转体+回行4拍+180°停步	12点位
	前行4拍至中台左侧90°停步+上步270°转体+移重心90°转体+移重心90°转体+移重心180°转体+回行4拍+180°停步	12点位
	前行4拍至中台左侧90°停步+移重心90°转体+上步90°转体+移重心90°转体+上步180°转体+回行4拍+180°停步	12点位
8×8拍	原地上肢造型动作8拍一换共8个动作	9点位
4×8拍	原地上肢造型动作8拍一换共4个动作	9点位

　　将服装表演停步及转体元素进行深度剖析，明确停步方位及转体角度，具有强化服装表演的准确性、规范性和艺术性的作用，任何艺术表现形式，首先需要掌握的是准确和规范，服装表演更是如此。在准确规范的前提下，再强调艺术性，实现了造型、转体动作与艺术的完美融合，并将台步、节奏、形象等艺术美感充分展现出来。在成套组合动作中，能够将所有的转体动作充分展现，提升服装表演的完整性与连贯性，因此，科学全面地认识和掌握停步造型方位与转体角度，对提高服装表演的艺术质量和教学效果都具有十分重大的意义。坚实的基本功和科学有效的训练，一定能为中国特色服装表演之路奠定坚实的基础。

第三节　运用中国元素进行服装表演创编

　　中国元素是指被大多数中国人（包括海外华人）认同的、凝结着华夏民族传统文化精神，并体现国家尊严和民族利益的形象、符号或风俗习惯。凡是在中华民族融合、演化与发展过程中逐渐形成的，由中国人创造、传承，反映中国人文精神和民俗心理、具有中国特质的文化成果，都是中国元素，包括有形的物质符号和无形的精神内容，即物质文化元素和精神文化元素。中国元素既包括中国传统文化，还包括中国现代文化。对中国元素的理解与研究不仅仅是表面符号，还有更深层次的精神内涵。要牢牢把握中国元素的民族性、传承性、多样性等特征。

一、服装表演的创编融入中国元素的可行性

1. 服装表演融入中国元素是传播中国文化的重要途径

中华文化源远流长、灿烂辉煌。在5000多年文明发展中孕育的中华优秀传统文化，积淀着中华民族最深沉的精神追求，代表着中华民族独特的精神标识，是中华民族生生不息、发展壮大的丰厚滋养，是中国特色社会主义植根的文化沃土，是当代中国发展的突出优势，对延续和发展中华文明、促进人类文明进步发挥着重要作用。中国元素是中华传统文化的象征，将中国元素融入服装表演的创编是将中华优秀传统文化融入服装表演美育中，让服装表演成为中华传统文化传承的载体，是传播中国文化的重要途径。创编者要善于从中华文化资源宝库中提炼题材、获取灵感、汲取养分，把中华优秀传统文化的有益思想、艺术价值与时代特点和要求相结合，运用服装表演这一艺术形式进行当代表达，推出一大批底蕴深厚、涵育人心的优秀中国特色服装表演作品，让演绎者成为中华优秀民族情感的传承者来弘扬和传播中华文化。

2. 服装表演融入中国元素符合中国的大众审美标准

服装表演最初是舶来品，大多为商业性表演，动作简洁干练。而中国服装表演多以含蓄内敛、抒发情感为特色。目前服装表演在我国广受大众欢迎，越来越多的民众参与到服装表演的学习中，以长久发展的眼光来看，需要服装表演从业者不断进行创新，将带有中国特色的主题、动作、服饰、音乐、妆容等元素融入服装表演的创编中，利用民众对于中华传统文化的热爱和追捧，使创新后的作品符合中国人的审美，便于提升民众的认同感，使观赏者产生共鸣。

3. 融入中国元素是服装表演的发展需求

服装表演在我国发展的起始阶段，展示多以"模仿"为主，是对国外服装表演的生搬硬套，但由于我国服装模特在身材气质、面容、表现力等方面与国外模特不同，所以应寻求符合国人特点的发展道路，让有中国特色的服装表演在舞台上呈现多样化风格。中国元素的融入使服装表演作品主题更鲜明，音乐更饱满，服饰更多彩，是一条适合服装表演在我国发展的道路。

二、服装表演融入中国元素创编原则

原则是事物的本质和原生规则，也是我们观察问题、处理问题的准则。服装表演

融入中国元素的创编应遵循合理性、实践性、民族性、地域性、独特性等原则。作为编排者，不仅要有精湛的服装表演专业理论知识，还要有很强的实训示范能力以及敬业精神。服装表演的创作过程是一个复杂的过程，需要长期积累，编导必须有对服装表演艺术的热爱和奉献精神，并有强烈的奉献意识。

1. 针对性原则

服装表演成套动作的编排可根据不同的人群、目的、年龄、性别、职业、基功等情况，创编各种主题形式的服装表演成套动作，使之普及推广。

现在的服装表演是可以老少皆宜的大众艺术，比如少儿服装表演、青年服装表演、中老年服装表演等。但是，不同的人群要配合不同主题和动作的练习。针对不同的人群特征，在选择服装表演风格上要区别对待，比如中老年服装表演风格要以稳重为主，并具有时尚元素。

服装表演是一种新兴的文化艺术现象，随着服装表演的发展，越来越多的人开始学习和参与，不同的参与者具有不同的目的，有的是为了提升气质；有的是为了缓解压力，提高身体表现力和精神力量。根据不同的练习目的创编相应的主题作品，可以满足不同程度爱好者的需求。

2. 科学合理性原则

服装表演的实践依托于动作元素的选择，动作的选择和设计要科学合理地安排。一个完美的服装表演动作应该是科学合理的设计，而不是随意的组合。注意动作之间的流畅衔接，根据难易程度的不同科学合理地布局练习。编排动作应遵循低潮与高潮、动态与静态结合的原则，以提高表演质量。

合理是指合乎道理或事理，合乎个体与整体发展规律。服装表演融入中国元素创编成套作品，在各方面的设计上必须符合服装表演的基本特征以及音乐和作品的结构特点。创编者设计的作品必须充分体现合理性。将中国元素融入服装表演的创编中，是一项比较难的挑战，需要在动作元素、音乐元素、主题元素、服装元素等方面融入具有中国特色的设计，使其展示更高形式的艺术美。因此，要善于观察，善于从生活实践中提取素材，注意动作的造型美，切身体会其带来的舞台效果，然后不断进行调整完善，提高作品的质量，以致达到最终完美的效果。

3. 实践性原则

认识论的观点认为认识对实践具有能动的反作用，正确的认识能够对实践具有促进作用，要求我们坚持正确的认识。科学理论是正确的认识，必将对实践具有重大的指导作用。在传统文化的影响下，我国的服装表演出现了许多融合中国传统戏曲、中国民族民间舞蹈动作、中国风音乐、中国传统服饰等中国元素的作品，从实践中来，到实践中去，在创编服装表演的作品时，我们也不能脱离实际情况和实践要求而只停留在理论层面。

4. 民族性原则

民族，指在文化、语言、历史等方面与其他人群有所区分的一群人，是近代以来通过研究人类进化史及种族所形成的概念。由于历史的原因，一个国家可以有不同的民族，一个民族可以生活在不同的国家里。中国地域辽阔，历史悠久，是一个拥有56个民族的大家庭，每个民族都有自己的风俗习惯、宗教信仰和图腾文化，但56个民族有一个共同的母亲，那就是中国。所以，每个民族都担负着传承和弘扬中华传统优秀文化的使命。服装表演创编者在进行作品创作时，应适当加入当地民族所特有的音乐、舞蹈动作、服饰等，使我国少数民族的文化被大众所了解，得到传承与弘扬。

5. 地域性原则

地域通常是指一定的地域空间，是自然要素与人文因素作用形成的综合体。不同的地域就像不同的镜子，反射出不同的地域文化。近几年，服装表演在我国各地发展迅速，表现为层出不穷的服装表演组织、演出、比赛、交流等。服装表演在我国许多地区得到推广与普及，但不同地区因为其所在区域的经济情况、自然环境、人文因素的不同，存在一定的地域差异性。创编者在进行服装表演的创编时，选择融入的中国元素就有所差异，会根据自己所在地区的生活习俗、服饰特色、区域文化对成套作品进行创新设计。遵循地域性原则进行创编，在服装表演中融入带有地域特色的中国元素，可以使服装表演的表现形式更加丰富多样。

6. 独特性原则

独特是指特有的、特别的、独一无二的、与众不同的、单独具有的。想要在众多表演中脱颖而出取得良好的效果，就需要进行创新，使作品具有更高的观赏性和审美价值，在创编上有自己的独特之处。作品的独特性上主要表现为其主题、形式、内容上的与众不同和标新立异。如果想使整体表现出来的效果富有视觉冲击力，就要求它的主题要独特，内容要新颖，表达形式要让人眼前一亮。中国元素的融入会为服装表演注入新鲜的血液，将民族的各种艺术形式中具有代表性的主题动作加以吸收融合，配以合适的音乐、服饰和妆容，使作品更加独特新颖，上升到更高的艺术层次。

三、中国元素服装表演创编分析

中国元素主要可以通过主题、音乐、动作、服饰妆容、道具几个途径融入服装表演的创编中，呈现一定的中国特色。

1. 主题融入中国元素

对于服装表演来说，主题能够表达作品中心思想与内涵，是作品和观众产生交流的重要因素。一部完整的作品能够唤起观众的情感共鸣，与主题赋予作品的故事性和情节性是息息相关的。创编一部作品，首先要构思的就是主题，它是前提也是导向，围绕主题去设计动作，可以使服装表演更加丰满和流畅，配合更加完美。

2. 音乐融入中国元素

音乐是服装表演的生命和灵魂。服装表演在音乐的选择上主要以欧美风格的音乐为主，一般采用热烈、性感、动感、富有激情的摇滚风格、爵士风格的音乐，注重的是节拍和节奏感，最大限度地突出其力量感。目前服装表演在我国如雨后春笋般的势态迅速发展，我国传统音乐文化更是博大精深，服装表演的音乐必定会被我国的音乐文化所影响进而呈现一定的改变。中国传统的东方音乐主要表现特征是旋律，节奏则是涵盖其中，优美动听的旋律更能突出作品的主题和风格。中国的观众从小受东方传统音乐的熏陶和影响，更易于接受旋律和节奏并重的音乐表现形式，特别是具有中国民族特色的音乐。所以在主题确定后，可以适当融入民族民间的音乐风格，形成具有中国特色的服装表演。

在服装表演音乐中融入大众喜欢的中国特色音乐，可以增加与观众的互动性。但是将中国风格融入服装表演的音乐创编中要遵循以下三个标准：首先具有时代感，其次要适合服装表演节奏、节拍特点，最后剪辑要合理流畅。在服装表演音乐中，合理恰当地运用中国风的音乐元素，可以为节目增光添彩。

3. 动作融入中国元素

在服装表演的创编过程中，动作元素是作品的主体部分，一系列完整的作品所呈现的整体动作由众多元素组成。关于动作元素，可以借鉴我国民族舞蹈元素中的少量动作，融入服装表演的台步、停步造型与转体中，增加作品的独特性和艺术性，能够适当展现中国民族艺术文化的魅力，但一定要建立在对其进行深入认识、了解、学习的基础上进行，才能对服装表演的创新起到积极作用。对于中国元素如果运用得当，可以起到锦上添花的良好效果，但如果运用不好，反而喧宾夺主。

4. 运用与展现中国服饰

旗袍是典型的传统女性服饰，汉服也是中国传统的代表性服饰。汉服又分为传统汉服和现代汉服元素的改良汉服。在表演时，可以根据不同的服饰文化运用不同的动作造型，也可以运用适当的舞蹈造型。

中国各民族服装服饰也可谓是种类繁多，源远流长。这种汇聚了民族性、多样性、区域性特点的多姿多彩的服装，是历史发展的产物，表演可以从视觉审美、艺术情境、民族特征等方面增强舞台及服装的视觉冲击力，并体现出我国民族服装的艺术内涵。

5. 运用中国元素道具

要想优化服装表演效果，除了借助肢体语言，还需要应用一些特定的道具，以便将服装的内涵充分展现出来。不同的服装风格在道具使用中也有着很大的差异。所以，要灵活合理地运用道具，充分发挥道具的辅助和支持作用，从而传达服装设计与表演的真正内涵。

道具在服装表演中一个显著的作用就是展现服装风格，在传统服饰方面表现得非常明显。运用中国元素道具可选择中国伞、团扇、古灯、剑等具有浓厚中华古典文化气息的道具，使模特在表演中充分展示中华民族的服装文化特色，获得很好的表演效果，体现中华传统的文化，让国内外更多的人了解中国服装和中国服装文化。

增强服装表演的艺术感染力和表现力是每位创编者的目标。运用中国元素道具，能够极大限度地拓展模特肢体线条，无形中增加模特的表现力，让服装表演的艺术内涵得到放大，更好地塑造人物形象，传达作品内涵。

四、服装表演融入中国元素的创编方法

一套服装表演可以按音乐节拍划分为多个版块，如4个8拍一组，划分为几组或十几组，也可以按8个8拍一组。不同的音乐编曲结构不同，需要个别对待。还可以分大的阶段进行编排，如划分为开始部分、主体部分、结束部分三个段落，然后对这三个部分进行动作和内容的编排。

在服装表演技能中，有不同的点位、方位、转体与运用。在编排时，应尽可能地寻找同脚位中各种不同方向的转体与肢体造型，最好不要重复2次以上。服装表演就是不断的创新，动作的创新不仅提高了展示性和观赏性，也大大提高了表演者的兴趣。

1. 总体构思法

总体构思法是对整套动作的风格、方案、内容、结构及表现方式等总体框架的设想。在艺术创作中，构思阶段可以说是最富有创造性的关键阶段，它常常需要灵感这种非逻辑思维。灵感的产生具有突发性、瞬间性、情感性、模糊粗糙性等特点，需要创编者充分发散自身的创造性思维。当创编者长时间思考这个复杂的问题而得不到解决方案的时候，可以尝试转变一下注意力，就可能在受到某一偶然因素的刺激时，突

然激发出一个有用的诱发因素，从而与之前思考的不能解决的问题产生一定的关联性，继而产生灵感，实现其思维的创造性发展。

设计出一套融入中国元素的服装表演作品的构造框架，是对整套作品进行的一种构思活动。在进行创编工作之前，首先要对服装表演创编目的有一个清晰的认识，然后对主题、风格、动作等要素有一个宏观的构思，制订一个相对应的创作大纲。总体构思法的运用一般在创编工作的准备阶段，在有了一个清晰的创作思路后，就可以着手进行文化背景知识的收集和文献、资料的积累，选取合适的音乐和动作素材，最后开始实施具体的创编。总体构思法的使用让创编工作能够始终沿着宏观创编思路进行，防止出现创编的随意性和无序性。

2. 元素运用法

对于创编融入中国元素的服装表演来说，最常使用的创编方法就是元素运用法。服装表演动作技能是服装表演训练知识体系的基础，建立动作表象，包括模特的台步技巧、停步定点造型、不同风格转体、表情、形体训练、舞台表现力等内容。这里主要对台步、停步与转体元素进行分类，包括单个元素、组合元素、路线元素、原地展示元素等，可以结合上肢造型变化，也可加以道具的运用，穿插在动态行走元素中，实现动静结合。

3. 复合连接法

复合是动作与构图等多种方法的组合；连接包括音乐节奏的连接，台步、停步与转体的连接，段落与段落之间的逻辑性连接。运用复合连接法进行创编体现在动作节拍、人数、时间和空间上，采用并列、分列、重叠、接续等方法，在不同层面上做相同的动作或在相同层面做不同的动作，相同动作分为几个人或几组人，在不同位置不同角度不同方向做。人数方面，运用递增或递减的方式，可以是一个人单独走，两个人同时或多个人一起走。时间方面，运用轮作的方式可以一组人先走，另一组在几拍之后再走，在节奏上形成错位，形成一个丰富的层次变化。空间方面，运用交错的方式在画面、节奏、空间相同的情况下，在不同位置、角度上做；运用穿插的方式在画面、节奏、空间相同的情况下，一部分人在原地做，另一部分人在队形的流动变化中做。配合音乐节奏的变化、音乐元素的创新，使融入中国元素的服装表演作品更加丰富立体，体现出高度的艺术性。

五、服装表演融入中国元素的创编步骤

任何艺术形式的创编都要有其目的、原则、方法和步骤。只有具备高度艺术性的

编排，才会有其价值存在。

1. 初步构思，拟定创编方案

首先，创编者要有一个大概的想法和创意。在编排完整动作之前，要针对表演的主题、音乐特点、模特的年龄、性别等基本要素确定完整动作，再完善设计服装款式、造型风格、情节内容、局部和整体构思。要有独特的设计，这样才能更有目的地确定动作元素和音乐元素。

2. 选定主题

主题是指文艺作品或者社会活动等所要表现的中心思想，泛指主要内容。作品的核心就是主题，在服装表演作品中处于中心地位，一部作品的层次高低，主要体现在主题上。题材源于生活，所以题材的种类也是多种多样的。而主题与题材的关系，主要体现在题材能表现主题内容，主题则通过题材传递情感和思想，是作品人物行为与生活现象的直接反映。主题是通过模特的肢体语言与外在形象，表现给观众的作品的中心思想内容，所以创编者首先要确定的就是作品的主题，然后通过各要素之间的配合展示来烘托主题思想。

题材是创编者经过对客观社会、历史生活事件、现代生活事件或者生活现象的素材的选择，提炼加工而成的。现实题材、民族民间风情风俗题材、历史题材、神话传说寓言方面的题材、军旅题材、大自然题材等，现实生活中包含中国元素的题材有许多可供我们选择进行二度创作，要注意的是在选取题材时要时刻考虑服装表演特征，提取合适合理的题材，整理思路制订出一套富含科学性、艺术性、创新性的成套作品方案，为下一步具体实施创编过程奠定一个良好的基础。

3. 确定曲目风格

音乐在服装表演中有着重要的地位，没有音乐的服装表演就失去了艺术表现力。背景音乐能使人进入境界，心旷神怡。在选择背景音乐时要注意音乐的节奏、风格等。一般成套表演是先确定音乐和主题风格，再根据音乐编创，通过音乐节奏的变化推进动作以及队形路线的变化，并通过音乐把行走、造型、转体、路线设计和感染力体现出来。在服装表演过程中，音乐的选配是必修课。音乐能够充分发挥练习者的想象力和表现力，同时也强烈感染着观众达到完美的艺术情境，音乐的风格节奏和情感表现必须与完整动作的编排目的相一致，只有这样，音乐才能融入我们的内心。

根据服装表演的特点，音乐主要以动感活力、节奏感强的乐曲为主，若是特定曲目，则分析曲目风格，然后选用同类型的中国风乐曲进行创新改编并融入其中，或是运用中国传统乐器将所演奏的乐曲元素进行融合，如鼓、铃、磬、钟、编钟、击、埙、筝、瑟、笛、笙、竽、箫、羌笛、签模、琵琶等；若是自选曲目，则根据主题、人物形象及动作选配乐，还可以观察流行音乐走势，加入时下流行的中国乐曲元素，增加观众的认同感，带动表演现场气氛。

4. 整体与分段创编

分段创编可根据主题或音乐节奏，将整个表演分为若干小段，即多元素融入。根据表演者自身的素质选择难度，一套完整的动作包括走与停、转体、造型等各种方位，要全面展示。服装表演中无论是台步、停步、转体动作都可以在不同的时间和空间中变化。融入中国元素创编的难点也在于创新，要把握一个合理的融入程度和技巧，使观众能够欣赏到服装表演本身的艺术美，但要注意不能脱离服装表演本身特征。

整套动作的内容确定后，教师先跟随音乐初步练习，如果音乐和动作不匹配，首先检查元素之间的衔接以及音乐和节奏是否与动作相协调，并根据完成情况进行适当的调整和修改。修改编排后，对整套作品进行完整的练习，将所有板块连接起来，表演者应准确把握表演技巧和方式，感受主题氛围。调整和修改完成后，整套动作应以文字说明或图表方式记录。

5. 确定服饰、妆容、道具等辅助要素

舞美是以视觉为主的舞台艺术，包括舞台灯光、布景、服装、化妆、道具等，是舞蹈艺术中不可缺少的有机组成部分。除了主题、动作、音乐以外，舞美设计在表演类艺术项目中同样重要，服饰与妆容可以辅助演员表演，完善服装表演以及模特外部形象，设计中国形象的服饰、妆容与道具可以为成套作品增光添彩。

一场成功的服装表演作品，是经过了多次编与排，最终表演完成的。服装表演的编排创作也离不开创造性思维。服装表演创新应该朝着艺术化方向发展，结合中国特色文艺理论进行创作，应融合传统的、时尚的、本土的艺术元素，借鉴舞蹈的编排创新手法以丰富服装表演的表现形式，但服装表演不是舞蹈，切忌喧宾夺主。这就对服装表演创编者提出了更高要求，不仅要加强对专业技术的深入学习，还要掌握动作语汇以及编排知识，不断提高。

6. 服装表演融入中国元素创编注意事项

服装表演本质上是以西方文化为背景的，传入我国后受到传统文化的冲击，逐渐出现许多带有中国文化色彩的服装表演作品。在创编中如果中国元素融入过多，会使服装表演失去它原有的特征，变得不伦不类，影响作品整体的呈现效果。要创编出一套完美的作品，就要在主题、音乐、动作、服饰、妆容、道具各大要素上做深入了解研究，对提取到的素材进行符合服装表演特点的创新再运用，寻找融合的切入点，保持服装表演的特性。

对于中国元素的融入程度，要求创编者掌握一个合适的度：在创编工作开始之前详细了解中国传统文化，提取可供运用的中国元素素材。创编者创编过程中，应时刻以服装表演原有风格为导向，注意创新后的服装是否符合表演特性。作品创编完成后应及时进行磨合沟通，进行视频拍摄并查找动作不合理的地方，及时进行修改完善。

中国元素包含更深刻的精神层面的内容，中华民族优秀的道德品质、优良的民族精神、崇高的民族气节、高尚的民族情感以及良好的民族习惯等都融汇在中国元素这个大范围内，不畏困难、艰苦奋斗、团结一致的民族精神在服装表演的创作、编排、表演中也同样适用，正是中华传统美德中群体精神的体现。一部完美的作品离不开创作者的苦心钻研、编排者的积极配合以及团队的共同努力。创编者要全面深刻地理解中国元素所涵盖的内容，既要了解外部物质元素，将其融入作品显而易见动作、音乐、服装、道具中，更要上升到精神层面，探索内部精神元素，将其在服装表演中得到继承发扬，融汇在队形变化、空间调度等"看不见"的方方面面，让观赏者在无形中感受到中华精神，中华美德。

六、服装表演创编元素运用成果

服装表演中的动作主要包括模特行走的台步、停步、定点造型、不同方式的转体以及行走路线。动作是任何一种表演最基本也是最重要的元素。服装表演技能是模特的基本素质之一，也是模特展示自我的方式。模特的技能是否合格将直接影响到成果展示效果，因此学习服装表演技能是展示主题成果的前提。

1. 表演剧目《牵丝戏》

表演剧目《牵丝戏》，选择玖月花儿与筝创作的古筝曲目《牵丝戏》为背景音乐。音乐意境为：美人榻，红流苏，听一曲牵丝，斜倚窗前，往窗外湘妃竹，竹影婆娑。少许，风息叶止，煮一壶祁门红，茶香四溢。音乐节奏中速，有民族风格特征，适合带有民族元素的时装走秀，此剧目运用12点位造型与转体元素进行流程设计，加上古典舞元素手韵动作，表达寻一份闲情逸致，得一种快乐人生的态度情感，见表5-19。

表5-19　表演剧目《牵丝戏》行走与转体元素设计

顺序	节拍数	动作流程
1	4×8拍	开场手韵与原地转体组合
2	4×8拍	单架手前行8拍，台前直接停步＋上步90°转体，回行8拍，底台180°停步回正＋4拍手韵

顺序	节拍数	动作流程
3	4×8拍	单架手前行8拍,台前直接停步+移重心90°转体,回行8拍,底台180°停步回正+4拍手韵
4	4×8拍	双架手前行8拍,台前直接停步+上步180°转体,回行8拍,底台180°停步回正+4拍手韵
5	4×8拍	自然摆臂前行8拍,台前直接停步+移重心180°转体,回行8拍,底台180°停步回正+4拍手韵
6	4×8拍	中场手韵与原地转体组合
7	4×8拍	单架手前行8拍,台前左侧90°停步+移重心180°转体,回行8拍,底台180°停步回正+4拍手韵
8	4×8拍	单架手前行8拍,台前右侧90°停步+移重心180°转体,回行8拍,底台180°停步回正+4拍手韵
9	4×8拍	双架手前行8拍,台前左侧90°停步+移重心270°转体,回行8拍,底台180°停步回正+4拍手韵
10	4×8拍	自然摆臂前行8拍,台前右侧90°停步+移重心270°转体,回行8拍,底台180°停步回正+4拍手韵
11	2×8拍	正面手韵组合

2. 表演剧目《东方情愫》

表演剧目《东方情愫》,选择方锦龙与徐梦圆联合创作的国风电音《China-汉》为背景音乐。音乐意境为:在绵延中激荡无限,澎湃中气韵自来,游笔水墨间晕开了历史,车灯光影中跳动着未来,熔古铸今,向新而行。音乐节奏中速欢快,适合国风时尚走秀,此剧目运用12点位造型与转体元素进行流程设计,表达表达国人气魄与豪迈,见表5–20。

表5-20　表演剧目《东方情愫》行走与转体元素设计

顺序	节拍数	动作流程
1	4×8拍	开场手韵与转体组合
2	4×8拍+4拍	前行4拍,中台右侧90°停步+上步90°转体,前行4拍,台前左侧90°停步+上步90°转体,回行8拍,底台180°停步回正
3	4×8拍	前行8拍,台前左侧90°停步,回行4拍,中台左侧90°停步+上步180°转体,回行4拍,底台180°停步回正
4	4×8拍	前行8拍,台前右侧90°停步,回行4拍,中台右侧90°停步+上步180°转体,回行4拍,底台180°停步回正
5	4×8拍	"Z"形折线停步,右侧45°方向前行4拍+左侧90°停步,左侧45°方向前行4拍+右侧90°停步,右侧30°方向前行4拍+180°停步,直线回行4拍,底台180°停步回正

续表

顺序	节拍数	动作流程
6	4×8拍	前行6拍，台前上步180°停步+移重心180°转体+上步90°转体，回行10拍，底台180度停步回正
7	4×8拍	前行8拍，台前移重心180°停步+移重心180°转体+上步90°转体，回行8拍，底台180度停步回正
8	4×8拍	正面直接停步+移重心180°转体+移重心180°转体+直接半转体，回行4拍，中台180度停步回正（造型结束）

3. 表演剧目《碧海蓝天》

表演剧目《碧海蓝天》，选择赵聪的琵琶独奏《天海蓝蓝》为背景音乐，节奏欢快，令人心旷神怡；适合带有民族元素的时装走秀，此剧目运用12点位造型与转体元素进行流程设计，表达东方女性特有的优雅风韵，见表5-21。

表5-21　表演剧目《碧海蓝天》行走与转体元素设计

顺序	节拍数	动作流程
1	4×8拍	前行8拍，台前上步180°停步；回行4拍，中台上步180°停步+移重心90°转体，回行4拍，底台180°停步回正
2	4×8拍	前行8拍，台前移重心180°停步；回行4拍中台上步180°停步+上步90°转体，回行4拍，底台180°停步回正
3	8×8拍	12点位上步90°"U"形路线停步与转体组合，先中出边回，再边出中回，依据台前节拍数与左右横向步数来调整前行和回行步数
4	4×8拍	（不同方向展示）前行4拍，中台右侧90°停步+移重心180°转体+移重心90°转体+移重心180°转体+上步90°转体，回行4拍，底台180°停步回正
5	4×8拍+4拍	前行4拍，中台左侧90°停步+移重心90°转体，台前上步180°停步+移重心270°转体，回行8拍，底台180°停步回正
6	4×8拍+4拍	前行4拍，中台右侧90°停步+移重心90°转体，台前移造型180°停步+移重心270°转体，回行8拍，底台180°停步回正
7	6×8拍	12点位三角五点停步，前行4拍，中台正面直接停步，左侧45°方向前行4拍，右侧90°停步，横向行走4拍，上步270°停步，右侧45°方向回行4拍，180°停步，前行4拍，左侧90°停步，回行4拍，中台180°停步回正
8	3×8拍	中台横向左右行走，原地上步90°转体+横向2拍+移重心180°停步+横向4拍+上步180°停步+横向2拍+右侧90°停步回正
9	4×8拍	前行6拍，台前右侧90°停步+移重心90°转体+上步180°转体，回行10拍，底台180°停步回正
10	4×8拍	前行8拍，台前左侧90°停步+移重心90°转体+上步180°转体，回行8拍，底台180°停步回正（造型结束）

4. 表演剧目《无限美好》

表演剧目《无限美好》，服装采用一片式大摆裙，手持裙摆，选用纯音乐曲目*So*

beautiful 为背景音乐，节奏中速欢快，表达对生活无限美好与向往；此剧目运用12点位造型与转体元素进行流程设计，见表5-22。

表5-22 表演剧目《无限美好》行走与转体元素设计

顺序	节拍数	动作流程
1	4×8拍	12点位"T"形路线停步，中台出场横向6拍+上步180°停步+横向4拍+上步180°停步，横向2拍+90°停步（背面），回行4拍，底台180°停步回正（双手提裙）
2	4×8拍	前行8拍，台前右侧90°停步（左手摆裙）；回行4拍，中台上步180°停步（双手提裙）+上步180°转体，回行4拍，底台180°停步回正
3	4×8拍	前行8拍，台前左侧90°停步（右手摆裙）；回行4拍，中台移重心180°停步（双手提裙）+上步180°转体，回行4拍，底台180°停步回正
4	4×8拍	（双手提裙）前行2拍，运用6拍欢乐转体360°，前行4拍，台前4拍欢乐转体360°+4拍180°转体，回行8拍，底台180°停步回正
5	8×8拍	12点位直线与三角步步，前行4拍，中台正面直接停步，左侧45°方向前行4拍，右侧90°停步，横向行走4拍，上步270°停步，右侧45°方向回行4拍，180°停步，前行4拍，左侧90°停步，回行8拍，底台右侧90°停步+移重心270°停步+移重心90°转体+移重心90°转体回正
6	4×8拍	前行8拍，台前移重心180°停步（双手提裙）+上步180°转体（右手提裙）+移重心90°转体（右手摆裙）；回行8拍，底台180°停步回正
7	4×8拍	前行8拍，台前上步180°停步（双手提裙）+上步180°转体（左手提裙）+移重心90°转体（左手摆裙）；回行8拍，底台180°停步回正
8	4×8拍	前行4拍，中台正面直接停步（双手提裙）+上步90°转体（左手摆裙）+移重心180°转体（左手摆裙），回行4拍，底台180°停步（双手提裙）+移重心90°转体（左手摆裙）+移重心180°转体（右手摆裙）

5．表演剧目《灯火里的中国》

《灯火里的中国》旨在从"城市街道"的光影到被照亮的中国梦，歌颂新时代和平安宁的中国。而今中国特色社会主义进入了新的时代，我们不忘初心，砥砺前行，用服装表演的形式表达对祖国的热爱之情。音乐节奏中速偏慢，适合礼服或典雅端庄的服饰走秀，此剧目运用12点位造型中不同的行走与转体元素进行流程设计，见表5-23。

表5-23 表演剧目《灯火里的中国》行走与转体元素设计

顺序	节拍数	动作流程
出场	慢速音乐	中台背对观众准备，慢速回行4拍至底台，慢速上步180°停步回正
1	4×8拍	前行4拍，中台上步180°停步+移重心180°转体，前行4拍，台前移重心180°停步，回行8拍，底台180°停步回正
2	4×8拍+4拍	前行4拍，中台移重心180°停步+移重心180°转体，前行4拍，台前直接停步+上步180°转体，回行8拍，底台180°停步回正

续表

顺序	节拍数	动作流程
3	4×8拍	前行8拍,台前左侧90°停步,回行4拍,中台左侧90°停步+上步270°转体,回行4拍,底台180°停步回正
4	4×8拍	前行8拍,台前右侧90°停步,回行4拍,中台右侧90°停步+上步270°转体,回行4拍,底台180°停步回正
5	4×8拍	前行4拍,中台左侧90°停步+移重心90°转体+上步90°转体+移重心90°转体+上步180°转体,回行4拍,底台180°停步回正
6	4×8拍	"Z"形折线停步,右侧45°方向前行4拍+左侧90°停步,左侧45°方向前行4拍+右侧90°停步,右侧30°方向前行4拍+180°停步,直线回行4拍,中台180°停步回正
7	8×8拍	12点位"U"形路线停步与转体组合,先中出边回,再边出中回,依据台前节拍数与左右横向步数来调整前行和回行步数
8	4×8拍	12点位"T"形路线停步,前行2拍,左侧90°停步+横向2拍+移重心180°停步+横向4拍,+上步180°停步+横向2拍+左侧90°停步,回行2拍,底台180°停步回正
9	4×8拍	前行8拍,台前直接停步+上步90°转体+移重心270°转体,回行8拍,底台180°停步回正
10	4×8拍	前行8拍,台前直接停步+移重心90°转体+移重心270°转体,回行8拍,底台180°停步回正
11	2×8拍	前行4拍,中台180°停步+上步180°转体+移重心90°转体(造型结束)

6．表演剧目《标新立异》

表演剧目《标新立异》,旨在展示标新立异的思维,标新立异的设计,选用纯音乐曲目*Purple Gusher*为表演音乐,强烈节奏为主,中间结合高潮低音,犹如心脏跳动一般激情澎湃。此剧目运用9点位造型中不同的行走与转体元素进行流程设计,其中还包括静态原地造型设计,动静结合,适合运动时尚装、朋克风格、暗黑风格等创意服饰走秀,表达人们坦诚面对自我内心,并战胜自我,顽强面对生活的态度,见表5-24。

表5-24 表演剧目《标新立异》行走与转体元素设计

顺序	节拍数	动作流程
1	4×8拍	背面造型,上步180°转体,前行4拍,左侧90°停步+上步270°转体+移重心90°转体,回行4拍,底台180°停步回正
2	4×8拍	前行8拍,台前正面直接停步+上步90°转体,回行4拍,中台左侧90°停步,回行4拍,底台180°停步回正
3	4×8拍	前行8拍,台前正面直接停步+移重心90°转体,回行4拍,中台右侧90°停步,回行4拍,底台180°停步回正

顺序	节拍数	动作流程
4	4×8拍+4拍	前行4拍，中台左侧90°停步+移重心90°转体，前行4拍，台前右侧90°停步+移重心90°转体+撤一步回行（先撤左脚），回行8拍，底台180°停步回正
5	4×8拍+4拍	前行4拍，中台右侧90°停步+移重心90°转体，前行4拍，台前左侧90°停步+移重心90°转体+撤一步回行（先撤右脚），回行8拍，底台180°停步回正
6	4×8拍+4拍	9点位"T"形路线停步，前行4拍，中台左侧90°停步+横向2拍+上步180°停步+横向4拍+上步180°停步+横向2拍+左侧90°停步，回行4拍，底台180°停步回正
7	8×8拍	原地上肢造型动作4拍一换，共16个造型动作
8	4×8拍	前行8拍，台前180°停步+上步180°转体+移重心90°转体，回行8拍底台180°停步回正
9	4×8拍	前行8拍，台前正面停步+上步180°转体+移重心90°转体，回行8拍，底台180°停步回正
10	4×8拍+4拍	前行4拍，中台右侧90°停步+上步90°转体；台前左侧90°停步+上步90°转体，回行8拍，底台180°停步回正
11	3×8拍	前行8拍，台前正面直接停步+撤两步回行，回行8拍，底台180°停步回正（造型结束）

7．表演剧目《破浪而出》

表演剧目《破浪而出》选用纯音乐曲目 *On the Waves*，通过轻重缓急的节奏，表达排除困难，奋勇前进的生活态度，积极向上并充满正能量。此剧目运用9点位造型中不同的行走与转体元素进行流程设计，其中还包括静态原地造型设计，动静结合，积极向上并充满正能量。适合休闲时装、运动时尚装、创意时装等服饰走秀，见表5-25。

表5-25　表演剧目《破浪而出》行走与转体元素设计

顺序	节拍数	动作流程
1	4×8拍	开场连续上步90°不同方向展示与脚位运用
2	8×8拍	原地上肢造型动作8拍一换，共8个造型动作
3	4×8拍	前行4拍，中台左侧90°停步+移重心90°转体，台前正面直接停步+撤一步回行（先撤左脚），回行8拍，底台180°停步回正
4	4×8拍	前行4拍，中台右侧90°停步+移重心90°转体，台前正面直接停步+撤一步回行（先撤左脚），回行8拍，底台180°停步回正
5	2×8拍	原地上肢造型动作4拍一换，共4个造型动作
6	4×8拍	前行4拍，中台正面直接停步+移重心90°转体+上步270°转体+移重心90°转体+上步270°转体回正

顺序	节拍数	动作流程
7	8×8拍	9点位"U"形路线停步与转体组合，先中出边回，再边出中回，依据台前节拍数与左右横向步数来调整前行和回行步数
8	4×8拍	前行8拍，台前180°停步，回行4拍。中台左侧90°停步+上步180°转体，回行4拍，底台180°停步回正
9	4×8拍	前行8拍，台前右侧90°停步+上步270°转体+移重心90°转体，回行8拍，底台180°停步回正
10	4×8拍	前行8拍，台前左侧90°停步+上步270°转体+移重心90°转体，回行8拍，底台180°停步回正
11	4×8拍	前行8拍，台前正面直接停步+撤两步回行，回行6拍，底台左侧90°停步，横向行走4拍+180°停步，横向退场

8．表演剧目《丝路》

表演剧目《丝路》，选择乌兰图雅的歌曲《丝绸之路》为表演音乐，用服装表演的方式把极具西域特色的历史画卷描绘在观众眼前，领略独具魅力的神秘力量，同时象征着国家的繁荣发展与人们的幸福生活。服装道具采用3米长的大丝巾系在腰间与颈部，手持丝巾边缘展开，像盛开的蝴蝶，音乐节奏中速偏慢，打破4个8拍的节奏规律，因此表演有一定难度，此剧目运用12点位造型中不同的行走与转体元素进行流程设计，见表5-26。

表5-26　表演剧目《丝路》行走与转体元素设计

顺序	节拍数	动作流程
1	4×8拍+4拍	中台背对观众，双臂展开，上步180°转体（右手臂展开）+上步90°转体（右手臂摆动）+移重心90°转体（左手臂展开）+移重心90°转体（左手臂摆动）+移重心90°转体（双臂展开）+上步180°转体，双臂展开回行4拍，底台180°停步回正（双臂放下）
2	4×8拍+2拍	12点位两侧180°"U"形路线组合，前行8拍，两侧90°停步+移重心180°转体，横向2拍，90°停步回正+上步180°转体，回行4拍，中台180°停步回正
3	4×8拍+2拍	12点位90°"U"形路线组合，前行4拍，正面直接停步+90°转体，横向2拍，90°停步回正+上步180°转体，回行8拍，底台180°停步回正（双臂展开）
4	4×8拍+2拍	前行4拍（双臂展开），中台运用6拍欢乐转体360°，前行4拍，台前移重心180°停步，回行2拍运用6拍欢乐转体360°（双臂放下），回行4拍，底台180°停步回正
5	4×8拍	前行2拍，左侧90°停步（右手臂摆动）+横向2拍+移重心180°停步（左手臂摆动）+横向4拍+移重心180°停步（右手臂摆动）+横向2拍+左侧90°停步（双臂展开），回行2拍，底台180°停步回正（双臂放下）

顺序	节拍数	动作流程
6	4×8拍+2拍	前行8拍，边走边双臂展开，台前正面直接停步10拍（右手臂造型）+移重心180°转体，回行8拍，底台180°停步回正
7	4×8拍+2拍	12点位"Y"形路线停步与转体组合，前行4拍，中台左右两侧90°停步+移重心90°回正，向外侧45°方向前行4拍，正面直接停步+90°转体，"U"形路线向内横向2拍+回行4拍，中台180°停步回正（双臂展开）
8	4×8拍+2拍	双臂展开前行4拍，台前4拍欢乐转体360°+4拍180°转体，回行6拍，移重心180°停步+上步90°转体+移重心270°转体+上步180°转体
9	4×8拍	前行8拍，台前上步180°停步（双臂展开）+移重心270°转体（左手臂摆动），回行8拍，底台180°停步回正（双臂展开）
10	4×8拍	双臂展开前行8拍，台前移重心180°停步（双臂展开）+移重心270°转体（右手臂摆动），回行8拍，底台180°停步回正
11	2×8拍	前行4拍，中台90°停步+移重心90°转体回正，双臂展开造型

9．表演剧目《至扇至美》

表演剧目《至扇至美》选用中国民乐曲目《东方丽人》作为表演音乐，塑造了典雅、端庄的东方丽人形象。折扇在运用过程中，像被赋予了生命，一开一合，亦张亦弛。模特转体、造型与扇的协调配合，展现了中国女性自信的精神与气度。需要注意的是，折扇是辅助服装表演的道具，不可喧宾夺主，恰到好处地渲染气氛，才是表达意境美的重要体现。此剧目运用12点位造型中不同的行走与转体元素进行流程设计，动静结合，适合现代旗袍或具有中国传统风格的时装，见表5-27。

表5-27　表演剧目《至扇至美》行走与转体元素设计

顺序	节拍数	动作流程
1	4×8拍	前行8拍，台前上步180°停步+移重心180°转体+上步180°转体，回行8拍+底台左侧90°停步（立抱扇）
2	4×8拍	底台原地上步90°转体（正手端扇4拍+侧压扇4拍）+上步180°转体（侧压扇）+移重心90°转体（正手端扇）+上步270°转体（合扇）+手臂放下4拍
3	8×8拍	12点位"T"形路线停步与转体，前行8拍，台前正面直接停步+移重心90°转体，横向2拍，左侧90°停步+上步90°转体，横向4拍，左侧90°停步+上步90°转体，横向2拍，左侧90°停步（双架手）+上步180°转体，回行8拍，左侧90°停步（立抱扇）+上步90°转体（正手端扇）
4	4×8拍	（正手端扇）前行8拍，边走边摇扇；台前右侧90°停步+移重心180°转体（合扇）+移重心270°转体，回行8拍，底台180°停步回正
5	4×8拍	（合扇）前行8拍，台前左侧90°停步（立抱扇）+移重心180°转体（正手端扇）+移重心270°转体（摇扇）；回行8拍，底台180°停步回正（合扇）

顺序	节拍数	动作流程
6	6×8拍	12点位"+"形路线停步,前行4拍,中台右侧90°停步+横向2拍+上步180°停步+横向4拍+上步180°停步+横向2拍+左侧90°停步,前行4拍,台前上步180°停步,回行8拍,底台180°停步回正
7	4×8拍	前行8拍(第5拍开扇),台前180°停步(侧压扇4拍+背扇4拍),回行4拍,中台左侧90°停步(合扇),回行4拍,底台180°停步回正
8	4×8拍	前行8拍,台前左侧90°停步(立抱扇)+移重心90°转体(正手端扇)+移重心180°转体(摇扇),回行8拍,底台180°停步回正(立抱扇)
9	4×8拍	(立抱扇)前行8拍,台前右侧90°停步(立抱扇)+移重心90°转体(侧端扇)+移重心180°转体(正手端扇),回行8拍,底台180°停步回正(摇扇)
10	4×8拍	(正手端扇)前行8拍,边走边摇扇;台前180°停步+上步180°转体(合扇)+移重心180°转体,回行4拍,中台180°停步回正
11	4×8拍	中台正面折扇造型四拍一换,共8个造型,头顶立扇+面扇+侧开扇+侧端扇+立抱扇+抹扇+合扇+双臂侧打开45°(造型结束)

七、小结与建议

1. 小结

将服装表演与中国元素相融合符合大众审美观念,可以提升民众对艺术的认同感,有利于服装表演的推广普及,也有利于传统民族文化的弘扬与传承。在创编过程中注意主题、动作元素构建服装表演融入中国元素的创编依据,要遵循合理性、实践性、民族性、地域性、独特性几大原则。服装表演融入中国元素的创编常用方法有总体构思法、素材移植法、变换重复法和复合连接法,创编过程分为五个阶段,包括搜集文化资料、明确创编目的、总体构思选定主题与方案、确定并分析曲目风格特点、分段创编成套动作、确定服饰妆容道具等辅助要素。

2. 建议

由于服装表演在20世纪初期由西方传入我国,创编者应以中西方文化融合的大背景为基准,提升中国服装表演在国际上的地位,在服装表演中融入中国元素,弘扬中国文化;在国内服装表演相关培训中增加关于中国特色服装表演创编的知识,培养该领域从业者的文化素养和对作品的理解能力,从而提升服装表演的专业水平;在服装表演平时的训练课中,可以适当添加传统文化、中国元素方面的知识,以避免创编者和模特对中国传统文化、中国元素的认识过于肤浅,在创编过程中出现片段化、连接生硬等问题。

第四节 旗袍服饰表演

旗袍服饰表演是一种独具中华民族特色的服装表演形式，具有浓厚的东方韵味实现了传统文化与现代时尚、中国元素与国际时尚、气质与形体、静态审美与动态表演的结合。旗袍不仅仅是服装，更是一门艺术、一种传承。

一、旗袍服饰的审美

旗袍作为中国传统服饰，蕴含着浓厚的民族色彩和艺术审美特征，被誉为"中国国粹"和"女性国服"。无论是在20世纪初期中国早期的服装表演，还是在改革开放后的现代服装表演中，旗袍服饰的表演贯穿中国服装表演发展全程，现在的旗袍服饰表演，已成为一种艺术元素融入各类艺术表现形式中，成为中国代表性文化的一种。

旗袍一直受到人们的青睐，主要原因是它恰如其分地展现了女性的美。旗袍可以体现出女性婀娜多姿的身材，因跨步幅度不能过大，配上优雅的手形，款款地前行，女性的柔美表露无遗，展现了女性的婉约、清丽、内敛。着旗袍要求女性身材凹凸有致，太胖与太瘦都不理想。旗袍适合东方女性的身材，特点是上紧下松，能够很好地展现东方女性的体貌美，并且巧妙地掩盖了身材的不足。挺拔的立领凸显出中国女性精致的面容和修长的脖颈，腰部紧贴线条恰到好处地与东方女性普遍的窄肩、宽臀形成和谐对比，展示女性特有的曲线美。[1]旗袍的高衩，伴随着轻盈的步履，摇曳生姿，若隐若现，将东方的含蓄、内敛发挥到极致，处处显得精致、典雅、温柔、神秘与高贵。[2]旗袍服饰表演是旗袍文化与服装表演的完美融合。

二、旗袍表演动作

旗袍作为正式场合的礼仪服装，与西方礼服有着不同的文化背景，所以表演的形式和感觉也不同。旗袍更注重表现女性的曲线美和节奏感，展示出温柔、含蓄、内秀、稳重的气质。旗袍把女性的头、颈、肩、臂、胸、腰、臀以及手和脚的许多曲线完美地体现出来。[3]旗袍服饰表演的质量高低与模特的形体、神韵、造型、转体技巧、道具的合理运用等存在着紧密的联系。常见的旗袍服饰表演风格有含蓄端庄和时尚现代两种特征。

---

❶ 纪振宇. 倾城之美［J］. 中国服饰，2018（8）：32–35.
❷ 孙晓晶. 旗袍设计中体现出的中国元素［J］. 西部皮革，2017，39（14）：72.
❸ 卢敏. 旗袍服饰表演艺术思考［J］. 艺海，2018（2）：99–101.

旗袍表演在站姿造型中讲究含蓄端庄，因此整体造型要内收，动态展示以靠步和12点位站姿为主，长款开衩旗袍，12点位站姿时，主力腿和自由腿都要伸直以保持开衩线条流畅；静态造型时选择不同的方位调整站姿步法，但以每个点位的小幅度造型为主，如靠步、中12点步、小3点步、大3点步、1点步、小10点步、内扣点地9点步、小6点步等内收造型。表演时保持身姿挺拔，呼吸顺畅，抿嘴微笑，笑不露齿，目光平视，表现优美、柔和、典雅的气质。

动态表演时，手形根据旗袍风格和演出整体风格来调整，可以为扔铅笔状态的自然手型，也可以呈小兰花指手型，但小兰花指手型较舞蹈化，因此选择应用，手臂自然垂直，可以单手或双手叠放在腰腹部，双手叠放时一般右手在外在上，双臂肘关节自然打开15°~20°。

静态造型时，腿部动作较小，以上肢动态变化为主，手可以有指向性地放在颈部、肩部、腰部、胯部等曲线位置，不要过于夸张；坐姿造型时，坐椅子的二分之一或三分之一即可，收腹、立胸、立腰、身体向上提起，气息向上挺拔。

旗袍行走有"三带"原则，即带风（气场）、带乐（节奏）、带韵（表情）。在旗袍表演时模特下巴切忌抬高，保持与地面平行或内收，步幅节奏根据音乐节奏调整，但比常规的时装走台节奏偏慢，步幅略小，摆臂、摆跨等动作幅度都适当减小，造型适当含蓄，体现温婉谦和的中国女性形象，步态平稳轻柔，两脚走出直线或小交叉路线。时尚风格的旗袍或融入旗袍元素的时装，在表演时要体现出优雅、时尚的韵味，肢体的动作可以相应大气，行走步伐同时装步伐一致，步幅节奏以中速为主。无论什么风格的旗袍，模特双肩都要放平，颈部往上拉伸，挺胸，立腰，提臀、核心收紧、气息上提。

旗袍展示要体现模特与服装的东方女性气质美，转体方式运用12点位元素，但角度不宜太大，可以选择12点位基础转体元素或不同方向的组合转体元素；手的位置摆放要自然，可以单手、双手拿合适的表演道具，转体时身体部位协调，并且有层次。

三、旗袍服饰表演道具

在旗袍服饰表演中，运用中国古典文化元素的道具或配饰可以获得更好的表演效果，如折扇、圆扇、古筝、二胡、油纸伞等具有浓厚中国古典文化韵味的材质道具，让旗袍表演充分展现中国服饰文化的特色，让更多国内民众了解中国服饰，了解中国传统服饰文化。❶如果是时尚的现代旗袍元素，可以用现代服装或配饰元素来体现现

---

❶ 谢小娜. 浅析旗袍表演中辅助表演方式的运用［J］. 文艺生活（文海艺苑），2016（5）：272-273.

代服装文化的特点。

在当下，服装设计师开始对中国旗袍进行现代化改造，增加了许多现代元素的造型和道具，比如项链、耳环、手表、包包等配饰或道具让表演更具现代特色，这些都是现代旗袍的表演造型。传统旗袍被注入了时代的血液，赋予了青春的活力，现代旗袍的表演风格，在继承中国传统服饰文化的同时又能结合现代服饰的特点，使表演具有时代特征，这种表演风格受到了越来越多业内外人士的喜爱。

四、旗袍表演音乐

旗袍是中华民族的特色服饰，优雅而含蓄。旗袍表演配乐以轻柔舒缓的中国民乐为主，最好是纯音乐或伴奏乐，可选择古筝、古琴、琵琶、笛子等中国传统乐器或传统乐器的辅助音乐，体现曲调唯美、旋律婉转的特点；也可以选用将古典音乐与现代流行乐相结合的中国风背景音乐，这也可以很好地诠释出旗袍的魅力，传递东方美的神韵。

五、旗袍服饰表演的注意事项

1. 音乐节奏感

旗袍虽是中华传统服装，但在表演中也应注重传统与时尚的双重性，在选择音乐时以中速或中速偏慢为好，如果节奏过慢往往会使观看者感到乏味。服装模特最易掌握的节奏是中速，其次是偏快，最难掌握的是慢节奏，所以在选择音乐时避免过慢的节奏。

2. 模特表演时的表情

我们在大多数时装发布会看到的表情是冷艳、冷傲、性感、自信等，这些表情不适合着中国传统服饰旗袍的表情，在旗袍表演时应注意给人温暖优雅的感觉，微笑，以笑不露齿的柔和面容为好。如果表情把握不好，那么表演就没有了灵魂，得不到观众认可。

3. 动作的把握

旗袍表演有很多种形式组合，如中国古典舞动作姿态可少量应用于服装表演中，凸显观赏性的同时，增强服装表演的审美性。旗袍表演穿插舞姿造型是常见的现象，但编排时应注意把握适度原则，运用太多舞蹈动作会失去服装表演本身的高级感，另外道具的运用也不能喧宾夺主。在旗袍服饰表演中，应尽量保持服装表演的动态特征，比如一台旗袍表演作品时长5分钟，可将前40秒融入动态舞姿，起到承上启下，衔接服装表演的作用，也可以开场和结束各占30秒，这样避免了单调之感，还可以让观众感受到旗袍表演与民族或古典舞姿的和谐之美。在静态展示时，可运用舞姿的静态造型表现意境，但要遵循服装表演的节奏和站姿规范，不能过于舞蹈化。

六、旗袍服饰表演的发展前景与推广路径

中华优秀传统文化是中华民族的精神命脉，是我们在世界文化中站稳脚跟的坚实基础。旗袍是具有中国特色的服饰，是中国传统文化的重要组成部分。旗袍服饰表演作为融民族性、艺术性和群众性于一体的艺术形式，以其深厚的中国传统文化底蕴、鲜明的时代个性和广泛的群众基础备受关注。旗袍服饰表演可以向世人展示中华文化的内在美与外在美，推动旗袍不断发展创新，继承和弘扬新时代中国优秀传统服饰文化和中国审美精神。

1. 旗袍服饰表演的时代意义

优秀的传统文化应该在艺术创作中得以传承，并以美的形式体现出来。旗袍服饰表演作为一种继承传统、迎合时尚的艺术形式，既弘扬了历史意义，又凸显了当代价值。

旗袍融合了中国独特的东方魅力，吸收了国际时尚元素，是民族文化与世界文明融合的典型范例，实现了民族文化与世界文明的融合共生。旗袍服饰表演频繁出现在国际舞台上，成为中国文化"走出去"的成功案例和"中西合璧"的时尚经典。为我们坚守文化自信、提振民族精神注入了强大动力和重要支撑。

旗袍服饰表演展示了中国的开放自信和社会文明。改革开放40多年来，中国人对美的认知和欣赏水平也越来越高。中国社会从保守封闭到开放多元、自信包容，旗袍服饰表演艺术既是高雅的也是大众的，在当下已经成为一项发展较快的群众性文化，成为社会主义文化发展的重要补充。

2. 影响旗袍服饰表演的因素

当前，旗袍服饰表演在繁荣发展的同时，也存在着一些制约因素。旗袍服饰表演是一种艺术表现形式，目前，旗袍服饰表演的理论体系和实践体系尚未完备，专业的旗袍服饰表演艺术研究者较少，许多作品审美不够或相对局限，缺少艺术的创新性，让观众产生排斥心理。旗袍服饰表演展现的是旗袍和模特的融合之美，对于旗袍本身也有较高的要求，需要在演出服装的设计和选择上进行不断的创新。另外，旗袍服饰表演对模特本身具有更高的要求，扎实的服装表演技能才能使旗袍的艺术魅力得以更好发挥。

3. 旗袍服饰表演发展方向

旗袍服饰表演因其深厚的文化底蕴、高雅的艺术审美以及独具中国民族特色的精神内涵，跨界于传统服饰、服装表演、舞蹈艺术、舞台表演、大众文化等领域，其传播中华民族优秀文化的重要使命必将具有强大的生命力和广阔的发展前景。

（1）传统与现代并重。旗袍服饰表演要发扬光大，呈现中国特色，首先要坚持传统文化，这是区别于世界其他文化类型和艺术形式的关键。如果脱离了传统文化，旗袍服饰表演将失去发展基础。其次，旗袍服饰表演也必须注重现代性，根据现代人的生活方式、审美特征、人文精神，从设计理念、制作材料、制作工艺、表演元素、音乐选择等方面入手，使其能够不断推陈出新，适应现代社会的发展特点，并保持持久而蓬勃的生命力。

（2）独立与多元并重。旗袍是在中国独特的文化环境中产生和发展起来的独特文化符号，因此，要有鲜明的艺术个性和强烈的艺术感染力，就必须保持旗袍服饰表演的独立性。要注重中国传统舞台、音乐等艺术元素的应用，让旗袍服饰表演艺术能够以更鲜明的特色屹立于世界艺术潮流之中，在坚持独特性和独立性的同时，注重多元化发展，坚持兼收并蓄的包容性，让旗袍服饰表演具有国际化的风格。

（3）实践与理论并重。在推广旗袍服饰表演的过程中，实践是非常重要的。通过教师队伍建设、开展教研活动和节目创作、传授、排练、演出等实践活动，完善旗袍服饰表演的设计与研究，打造高水准的展示平台。同时，立足中国优秀传统文化，加强旗袍服饰表演的理论研究，分析旗袍服饰表演的文化特色、教学经验和表演模式，构建系统的教育体系、推广体系和创作体系，以此提高旗袍服饰表演的艺术水平和整体审美。

（4）专业与大众并重。作为一种大众文化，大众参与是旗袍服饰表演发展的基础。要加强对中国历史文化的解读、宣传和推广，让更多的人了解中国服装表演和旗袍服饰文化；加强旗袍服饰表演在群众中的推广，促进旗袍服饰表演的普及，让更多的人参与旗袍服饰表演，并推动旗袍服饰表演的传播和发展。

总之，旗袍服饰表演是具有中华民族特色的服装表演风格，是中国传统文化的重要组成部分。随着现代服装的不断发展，旗袍受到了世界各国女性的喜爱。旗袍服饰表演在弘扬传统文化、丰富群众生活、促进新时代社会主义文化繁荣发展中发挥出巨大的作用。

第五节　传统文化与"非遗"元素在服装表演中的表达

非物质文化遗产是指各族人民世代传承的，与民众生活密切相关的各种传统文化的表现形式和文化空间。为促进服装表演与非物质文化遗产的融合，形成中国特色的服装表演形式，宣传推广"非遗"文化及其传统服饰文化，提取"非遗"文化元素并运用于服装表演，从而形成中国特色的非遗服饰表演，并持续发展传承。

在国际秀场上，具有中国文化的服装表演越来越受到推崇，并成为热门话题。将"非遗"文化元素应用在服装表演中，蕴含了中华民族的历史文化印记，彰显了中华民族的文化精神，拓展了观众视野，展示了民族文化自信。

一、中华传统文化元素之美

中国文化和艺术博大精深，内容丰富，而且具有自身特色，可以为设计师以及服装秀场提供很多设计灵感。中华文化历史悠久，历朝历代的主流文化也存在很大差异。中国国土面积辽阔，地域经纬跨度大，不同地区的生活习俗、宗教信仰等也会有很大不同。很多地方的本土特色融入主流文化的同时，还会保持鲜明的特色。中国56个民族的风土人情也有很大的差异，例如，蒙古族在骑射、游牧等文化方面的传统有明显差异，藏族的图案、歌舞、语言文字等都具有很强的藏教特征。❶

中国传统文化元素的代表还有甲骨文、钟鼎文、瓦当、画像砖、画像石、皮影、中国画、书法、唐诗、宋词、四大名著、青铜艺术、瓷器艺术、中国结、年画、刺绣以及各种传统纹样等。仅纹样就有吉祥纹样、祈福纹样、长寿纹样、富贵纹样等。而且中国传统文化中图必有意，意必吉祥。传统元素蕴含着整个中华民族特有的文化理念、美学思想和审美意识，也体现了中国儒、释、道的哲学思想和追求意境美。❷中华民族的传统精神就是中国文化精髓，也是中华民族的灵魂所在，具有典型的民族特征，其中"非遗"元素就是最主要的象征，可以展现出民族的习惯、符号、形象，也可以体现出国家和民族的尊严。

二、服装表演中的"非遗"元素与传统文化的应用

服装是人们生活水平、个人审美的体现。现代服装表演秀场受到传统服饰文化诸

---

❶ 张涛. 探析融合中国文化的服装表演舞美［J］. 人文天下，2016（18）：78–79.

❷ 李晓鲁，徐方，李敬玉，等. 中国传统文化元素在本土服装品牌中的应用［J］. 西部皮革，2018，40（16）：116.

多启发，焕发出新的活力。服装表演能够融合的"非遗"元素种类繁多，在面料材质、手工技艺、图案的融汇等方面，都可以进行"非遗"元素的体现。

1. 色彩运用

现代服装设计越来越多地体现出了中国传统色彩元素。中国传统色彩运用往往带有浓厚的文化意味，一些具有象征性的色调是经常被使用的，最典型的就是青、红、黄、白、黑这些特点鲜明的颜色。以国际视角来看，红色已经成为中国的一种象征。另外，黑、白、灰等色彩的应用也是借鉴了中国国画的用色，体现了中国美学思想，用虚实关系和"留白"来表现情景交融的意境。

2. 技艺与服装材质

自古以来，我国在服装的设计与制作方面，就存在着许多精湛的技艺，比如刺绣、编织、扎染、蜡染、布贴等，这些传统技艺常常被运用到服装设计中，极具文化特色又富于服装细腻柔美之感；体现着我国古代劳动人民的智慧风采。

在服装的材质方面，可以采用"非遗"原始的材料，体现"非遗"文化的历史价值和工艺价值。还可以通过在原料中融入"非遗"文化元素的方式，对原料进行加工，在加工过程中体现"非遗"文化手工艺制作特色，实现服装表演和"非遗"文化的融合。此外，还可以欣赏融合"非遗"文化的服装表演，通过服装表演展示出中国传统文化的风情与魅力，有助于"非遗"文化的传承和传播。

3. 传统图案

在"非遗"服饰文化中，许多特点鲜明的传统图案给人留下了深刻的印象，将这些图案融入服装的设计与表演中，使其更具文化特点。传统的服饰图案是劳动人民在长期社会实践中逐步发展演变而来，是劳动人民的智慧结晶，也是中国传统服饰艺术的代表。传统服饰图案元素体现出人们对未来美好生活的期盼和向往，不同的图案元素代表不同的寓意，也能够表现出更多的中国传统文化韵味，使服装表演具有中国特色。

三、中国传统文化与"非遗"元素在服装表演秀场中的呈现

在服装表演编排中，应运用"非遗"文化元素，推出新思想、新思维、新方法，巧妙创作出最能体现中国元素的作品。服装表演最重要的是展示服装，将具有中国传统元素的服装设计展现在舞台上，可以传播、继承、发扬中国优秀传统文化的精髓，同时也可以打破传统服装表演舞美设计模式，提高现代服装表演舞美设计格调，更好地烘托整个服装表演舞台氛围，含蓄地表达出服装艺术的文化内涵。

1. 主题的策划

"非遗"服饰表演首先要注重表演的主题策划，力求在主题上更加符合受众的审美需求。从"非遗"服饰表演的主题策划上来看，需要选择不同的方向呈现"非遗"元素。

主题包括总主题与分主题，分主题往往以展示的服饰主题为命名，如"锦绣中华——2021中国非物质文化遗产服饰秀"；以"锦绣中华、衣被天下""活态传承、美好生活"为主题，分为"南滇吉贝——黎锦主题非遗服饰秀""织山绣水——苗族织染绣主题非遗服饰秀""锦衣御裳——宋锦主题非遗服饰秀""点染华章——影视剧主题非遗服饰秀"等多个分主题。这些主题符合表演的整体方向，加强了大众对于传统文化的认知，同时也体现了传统文化内涵。只有独具内涵的主题，才能发挥出服装表演的张力，展现工匠技艺和工匠精神，符合当今的文化环境与时代发展要求。

2. 表演场地与舞台背景的运用

表演场地与舞台背景是表演视觉效果的一个重要的组成部分，如中国特色景点或"非遗"景点，用这些传统建筑原本的外观作为服装表演的天然装饰背景，将服装表演融入传统建筑中。如在室内进行表演，可将传统文化元素运用在舞台主体背景板上。舞台主体背景板易受到观众的密切关注，摄影、摄像、宣传曝光率最高。将中国传统文化元素展现在演出背板上，加深观众记忆。

3. 道具的选择

道具可以分为背景道具和表演道具，通常是和主题及舞台背景一起统筹考虑，目的是营造主题气氛，烘托舞台氛围，帮助模特投入情境，使表演更加真实。可以将各种传统文化元素或凸显中国地方特色的"非遗"道具运用在舞台上，让模特穿梭在其中表演。充分考虑舞台的空间设计需要，道具可大可小，可以是整体氛围，也可以作为现场摆设，还可以让模特拿在手中或戴在身上，与服装融合。传统道具的运用蕴含着传统文化神韵，可以提升服装表演整体的效果，形成了一种推动文化回归、坚持文化尊崇、提倡文化信仰的发展态势。

4. 化妆造型风格

化妆造型是服装表演艺术的重要手段，与服装、灯光、舞台布置等紧密地结合在一起，构成了完整的服装表演世界。随着中国经济的持续发展和人们对美的不断追求，传统化妆造型元素受到国内外设计师和创编者的较多关注。传统化妆造型历史积淀深厚，表现形式独特，也常被用于服装表演中，成为设计师探索服装之美、发现服装之美的重要方式和向观众传递服装时尚信息的重要手段。传统元素的服装搭配传统风格的化妆造型，增强表演效果，产生美感。在妆型上考虑以中华文化为基底，灵感可以来自中国古代诗画作品及汉唐的啼妆、佛妆。将东方美学中独特的写意线条与色彩晕染，结合西方艺术中的真实光影与立体结构，抽象地演绎了东方文化在历史时空中的演变与未来风貌，展现了传承、融合、创新的艺术理念。

5. 服装表演背景音乐

中国古典音乐曲调优美动人，层次丰富，兼具多重美感，情感表达丰富。服装表演最初开始于欧洲，表演中常见的背景音乐是西方音乐，很少用到中国古典音乐。随着近几年中国风元素的流行，中国风格的音乐已渐渐融合在服装表演中，增添服装表演的意境美，使观众在感情上产生共鸣，获得身临其境之感。另外，还可以在服装表演的前后情景中融入中国传统乐器的伴奏，比如笛、箫、琵琶、扬琴、筝、鼓、二胡等。配合服装表演的伴奏音乐的制作，应加入中国传统文化元素印记，引导观众热爱民族音乐以及民族风格，加强观众对民族传统文化的认知和学习，不仅提升了服装的魅力，更是赋予了服装表演生命。

经过音乐人或团队编曲改良后的中国传统古典音乐被用于服装表演的背景音乐，与现代服装表演融合，营造了更好的表演氛围。改良后的古典音乐在时尚基础上保留了古朴的特色，且时尚动感、节奏鲜明、旋律流畅、气质清新，更加符合服装表演氛围与模特台步节奏，更适合展示中国元素风格的现代服装，使观众感受到中国传统与现代美的完全契合，形成一个"美的整体"。❶

6. 服装表演编排

在时尚元素日益丰富的现在，很多秀场编排正向戏剧化发展。而在中国，同样可以在服装表演编排设计中融入传统戏曲元素，可以通过转换角色、情景等，使服装表演的展现力、宣传力更加符合时代环境。比如融入"非遗"舞蹈、戏曲国粹等。戏曲化编排不仅能够将舞台表演以多样化的场景进行展现，也让媒体宣传内容更加丰富。当今的艺术不再是单一艺术元素的堆砌，而是在融合发展之下，以多样化的艺术形态，实现艺术文化的有力展现。传统文化元素以现代人的审美需求和艺术追求为导向，为服装表演注入最为鲜活的力量。

四、传统文化与"非遗"服饰表演的承载意义

服装表演是集服装、音乐、舞蹈、美术等多学科于一体的综合性艺术，除了展示

---

❶ 任昶.论中国古典音乐与服装表演的融合［J］.北方文学，2017（18）：109.

服装设计思想外，还需要满足大众对时尚的追求和视觉审美的期待。将中国传统元素应用于服装表演编排中，体现在舞美设计、服装设计、音乐选编、化妆发型设计、表演动作编排引导中，不仅要精选、提炼、凝聚博大精深的中国传统文化，还应充分考虑整体风格、观众需求、文化底蕴等诸多因素。

1. "非遗"服饰表演是继承和发扬中华文化的最优载体

"非遗"服饰表演在中国服饰文化中的重要意义不可否定。当代设计师在引用传统元素时取其精华，去其糟粕，推陈出新，革故鼎新，充分利用传统服饰的动人之处，弘扬服饰文化，加以结合时代需求，设计出传统与现代融合的服装，有利于服饰民族化、本土化以及时尚化发展，同时也可以提高服装及表演的价值，开辟服装表演的新领域，在促进传统文化的同时推动服装表演艺术的发展。

2. 通过"非遗"服饰表演诠释传统文化自信

文化自信是对本民族的传统文化、传统思想价值体系的认同与尊崇。中华民族的历史文化源远流长、博大精深，通过"非遗"服饰表演的传播，可以向世界展示中华文化。我们热衷于把更多印有中国符号的文化通过服装表演的形式展现给世界，增强中华文化的影响力，在传播民族文化的同时加强民族的凝聚力和向心力。

五、展望

传承与发展"非遗"服饰表演绝非易事，探索合适可行的传承之路任重而道远。"非遗"服饰表演无论对中国服装表演市场的发展，还是对非遗文化的传承都具有深远的意义。将传统文化元素和现代时尚融合与创新，唤起大众对中国传统文化的认同感与自豪感，促进中华服饰文化的传承，有助于民族核心价值观的构建。把中国特色服装表演研究水平推向新的高度，是我们的目标和期待！

总结

《中国服装表演百年发展与创编研究》从服装表演的中国特色视角入手，探讨中国服装表演百年发展规律以及将编创作品融入本土化特质，更好地服务于我国大众艺术的综合研究，以解决中国服装表演的发展方向、中国服装表演和大众艺术应用、技术创新编排能力等问题。

一、主要观点

1. 早期中国服装表演类型与特征

早期中国服装表演具有文化性、公益性、商业性以及综合性特征；具有种类多样化、内容丰富化和参演模特多元化等时代的特性，极大地促进了社会进步：在经济方面，其改变了营销模式，促进了商家之间的合作，振兴国产服装；在文化方面，改变了封建礼制下落后的审美观念，衍生相关产业，丰富人们的精神生活；在思想方面，对封建落后思想的废除和妇女社会地位的提升起到了帮助作用。

2. 改革开放后中国服装表演类型与特征

改革开放后，中国服装表演的种类有服装信息发布会、商业发布会、鉴赏性服装表演和比赛类服装表演。中国服装表演从引进到走向全球，从禁止到开放，从业余到专业、国际化的今天。

3. 中国特色的服装表演创编是必要的、可行的

目前，服装表演已经成为中国女性关注度较高的一种表演形式，尤其独具中国传统文化特色的旗袍服饰表演等，受到大众的喜爱，各个年龄段的女性都参与到服装表

演中，因此有中国特色的服装表演创编是必要的、可行的。我国有悠久的服饰文化积淀，坚持传统文化的表达与传播，根据现代人的生活方式、审美特征、人文精神，从设计理念、表演元素、音乐选择等方面入手，使中国服装表演能够不断推陈出新，适应现代社会的发展特点，保持持久而蓬勃的生命力。

4. 中国特色服装表演创编的诸多价值

与西方服装表演相比呈现诸多特点，具体体现在表演者自身更乐于接受、更有表演兼具健身价值、更具教育价值、为中国传统文化的现代化提供了崭新的视角等。

二、研究创新

1. 研究视角的创新

与传统研究视角不同的是，本书以跨文化传播理论、社会发展理论为指导，将服装表演国内传播的文化内因、传播要素、大众服装表演组织与开发应用、技术创新能力、中国服装表演发展动力机制等要素凝集起来，对有中国特色的服装表演创编展开多角度、多方法相结合进行分析研究。各章节既独立成章，又环环相扣，体现出研究视角既延展又综合的创新性。

2. 学术思想的创新

建设有中国特色社会主义的文化，增强中国特色社会主义文化的吸引力和感召力，是开创中国特色社会主义事业新局面的必然要求。本研究从20世纪初期至今近百年的历程出发，深入研究与挖掘，力求为中国服装表演发展提供理论和实证研究。中国服装表演的发展创新离不开中国特色文艺方针的指导思想，也必然会融入中国特色的浪潮，朝着中国服装表演艺术的高峰不断攀登。

3. 专业实践的创新

本书具有原创性、开拓性、前瞻性、实用性，分析服装表演技能元素，结合多种艺术表现形式，编创具有中国特色的服装表演作品与方法，为中国服装表演的创作提供新思路。

4. 创作方法的创新

注重传统与现代结合、实践与理论结合、专业与大众结合，从主题、音乐选取、动作元素分类、组织编排和表演服饰上分析融入中国特色的方式方法，从而推动中国特色服装表演迈向成熟完善的阶段，对中国特色服装表演创编有现实指导意义。

三、研究突破

本书紧密结合21世纪我国经济、文化和艺术发展的现实需要，探索构建我国服装表演可持续发展的整体性战略思维，并由此架构出中国服装表演发展的具体实施策略，为促进形成有中国特色的服装表演理论与实践探讨，进行有益的尝试。突破单一的服装表演形式，实现多种艺术的结合，即包括音乐、舞蹈、美术、体育、文学等综合的服装表演形式。突破单一受众人群，实现中国特色服装表演的大众推广与普及，推动大众服装表演与健身的结合，促进群众广泛参与。中国特色服装表演创编作品的输出势在必行。

四、学术价值

1. 填补中国服装表演史的空白

目前对服装表演的研究，多针对现、当代服装表演行业，对于近百年与服装表演相关的梳理性研究甚少。本书可以充实服装表演领域的发展研究，也为当今服装表演教育的改革和发展提供借鉴和启示。

2. 丰富社会文化研究内容

从社会学的角度看，中国从20世纪初期到改革开放，我国社会结构和意识形态发生了巨变，民众思想与着装审美也同时发生改变。中国服装表演的兴盛在一定程度上是社会风气开放的体现。借助服装表演这一载体，可以将中国传统服饰文化内涵与民族文化自信传达给大众，有助于从社会学的角度和层面了解近现代服装表演的发展规律与承载意义，也有助于丰富我国社会文化的研究内容。

3. 增强中国特色服装表演创编的艺术造诣

现今，在设有服装表演专业学科的各级各类高校中，对于中国特色服装表演创编人才的培养计划还未形成，因此服装表演创编者应提高自身的综合素质和艺术修养，掌握更加全面的表演技能与编创技法，深入学习和理解中国传统文化和中国服装表演近百年的发展规律，为创作具有中国特色的服装表演作品提供丰富的材料。

4. 建立健全高校服装艺术类专业的课程设置

完善高校服装艺术类专业的课程设置，在理论方面增设中国服装表演史论等课程，在专业课程方面增设中国特色服装表演创编等课程，完善对学生的美育综合教育，弘扬我国优秀传统文化，树立文化自信，并通过服装表演呈现与传播，使中国特色服装表演创编迸发出新的魅力，实现中华文化的传承与弘扬。

综上所述，本书在研究学术渊源与理论基础的前提下，依据社会发展理论演化特征给予的启示，基于中国特色视域，将服装表演服务于大众。参考借鉴相关理论和实践研究成果，综合应用理论与实践相结合的科研范式，在政府部门的倡导下，搭建中国特色服装表演交流平台，扩展中国服装表演相关研究和参与者，增强学科之间的沟通及互动性，扩大科研合作规模，加强多元化服装表演的研究路径，拓展服装表演的研究范围。

参考文献

［1］薛艳丽. 民国时期的女性健美研究［D］. 保定：河北大学.

［2］刘玉琪. 民国时期上海地区女子服饰研究（1927–1937年）［D］. 北京：北京服装学院.

［3］全健. 五四时期胡适妇女解放思想研究［D］. 长沙：湖南师范大学，2006.

［4］段杏元，王业宏. 从民国内衣文化现象看中国女性身体的解放［J］. 武汉纺织大学学报，2015（1）：51–54.

［5］刘正刚，曾繁花. 解放乳房的艰难：民国时期"天乳运动"探析［J］. 妇女研究论丛，2010（5）：66–72.

［6］陈雁. 近代中国女性教育是如何发展起来的［J］. 人民论坛，2018（8）：142–144.

［7］龚放. 高等教育现代化进程中的南京大学［J］. 南京大学学报（哲学.人文科学.社会科学版），2002（3）：11–22.

［8］马红霞. 时尚的社会学研究［D］. 兰州：西北师范大学，2005.

［9］卞向阳. 都市情境下的海派文化、生活及设计［J］. 装饰，2016（4）：19–23.

［10］高正. 20世纪初西方设计风格在中国的传播和转化［J］. 郑州大学学报（哲学社会科学版），2017（3）：149–153.

［11］肖彬，张舰. 服装表演概论［M］. 北京：中国纺织出版社，2010.

［12］董军浪. 服装表演的起源与演变［J］. 纺织高校基础科学学报，2010（1）：117–122，125.

［13］张春燕. 模特造型与训练［M］. 北京：中国纺织出版社，2007.

［14］高杰. 时装发布会与时尚文化传播的研究［D］. 北京：北京服装学院，2013.

［15］埃弗雷特. 服装表演导航［M］. 北京：中国纺织出版社，2003.

［16］沈奕君，梁惠娥. 当代服装表演的戏剧化趋势［J］. 服装学报，2016，1（3）：313–317.

［17］林鑫. 优化服装模特表演的视觉形态研究［D］. 天津：天津工业大学，2012.

［18］周松芳. 霓裳羽衣：中国首次时装表演［J］. 档案春秋，2013（10）：45–47.

［19］佚名. 联青社游艺会续记［N］. 申报，1926–12–18.

［20］江沛，耿科研. 民国时期天津租界外侨精英社团——扶轮社述论［J］. 历史教学：高校版，2013（6）：3–11.

［21］胡一琳.《上海漫画》与云裳公司的时装广告［J］. 文化创新比较研究，2018，2（21）：60–61.

［22］吕国财. 云裳时装公司——民国上海首家女子时装店［J］. 山东工艺美术学院学报，2015.

［23］许沁. 回春（外一篇）［J］. 翠苑，2018（1）：71–77.

［24］龚建培. 图像"更衣记"——《上海漫画》中服饰图像的叙事解读（1928~1930）［J］. 服饰导刊，2019，8（2）：18–26.

［25］张文佳. 二十世纪上半叶的"鸿翔"及上海时装业的特征分析［D］. 上海：东华大学，2013.

［26］李昭庆. 老上海时装研究（1910–1940年）［D］. 上海：上海戏剧学院，2015.

［27］李昭庆，钱孟尧. 论美亚织绸厂对民国时装业的促进［J］. 丝绸，2016，53（10）：77–84.

［28］刘璐，胥晓. 20世纪30年代中国银幕摩登女郎的身体演绎现代性思潮［J］. 电影评介，2019（6）.

［29］贺义军，张汇文，张竞琼. 近代中国早期服装表演的启蒙意义［J］. 丝绸，2016，53（5）：66–70.

［30］连玲玲. 打造女性消费天堂——近代上海百货公司的经营策略［J］. 书摘，2018，000（11）：43–46.

［31］韬奋. 看了国货时装展览会［J］. 生活（上海1925A），1936，5（45）：748–749.

［32］四方. 回力舞厅之时装表演［J］. 北洋画报，1936，28（1383）：2.

［33］佚名. 美亚绸厂时装展览会［N］. 申报，1930–10–31（10）.

［34］佚名. 美亚先施联合时装表演会昨开幕［N］. 申报，1933–9–10.

［35］佚名. 南京大戏院［N］. 申报，1933–12–3.

［36］佚名. 新光大戏院明天开营但杜宇导演（健美运动）［N］. 申报，1934–11–15.

［37］琪玲. 新纪录［N］. 申报，1933–8–8.

［38］尤怀皋. 十五年来妇女旗袍的演变［J］. 家庭星期，1936，2（1）.

［39］李燕，刘文. 由张爱玲的《更衣记》见民国时期的旗袍款式演化［J］. 山东纺织经济，2018，000（2）：32–33.

［40］谢宝珠. 今年的时装［N］. 申报，1947–12–5.

［41］张竞琼，钟铉. 西风东渐潮流之下的声音——兼论上海民国时期服装评论的题材［J］. 丝绸，2006（1）：48–51.

［42］梅生. 中美姻缘小志［N］. 申报，1927–12–1.

［43］佚名. 鸿翔公司参观记［N］. 申报，1927–12–18.

［44］王宏付. 民国时期上海婚礼服中的"西化"元素［J］. 装饰，2006（5）：20–21.

［45］李明星. 时代变迁中的女性形象研究——以民国卷烟包装为例［J］. 创意设计源，2019，000（2）：4–8.

［46］西贝. 高跟鞋［J］. 天津商报画刊，1936，17（49）：1.

［47］郭天真. 民国时期女性服装审美转变研究［J］. 美与时代：创意（上），2016（1）：106–108.

［48］蔡磊. 服饰与文化变迁［D］. 武汉：武汉大学，2005.

［49］罗亦乐. 1956年前后我国服装及演变规律与成因研究［D］. 无锡：江南大学，2014.

［50］李琳. 新中国成立后30年（1949–1978）女性服装发展史研究［D］. 北京：北京服装学院，2017.

［51］梅原. 头发·服装·美［N］. 北京：人民日报，1964–4–20.

［52］丁三. "在中国，服装也是政治"［J］. 时代教育（先锋国家历史），2008（1）.

［53］徐建中，张建魁. 60年新生活第一人 巨变时代探路者——徐文渊"我的模特儿都是纺织工"［J］. 环球人物，2009，000（27）：18–20.

［54］孟红. 新中国第一支时装表演队［J］. 文史博览，2009，000（3）：60–61.

［55］顾萍. 服装表演专业高等教育研究［D］. 北京：北京服装学院，2008.

［56］郭海燕. 改革开放初期中国服装表演的历程（1979–1989年）［J］. 服饰导刊，2020，9（1）：33–40.

［57］佚名. "时装名城"的首批名模〔服饰新潮〕［J］. 上海画报，1990（2）：1–3.

［58］李国庆. 中国模特二十年［J］. 现代妇女，1999（5）.

［59］李玮琦. 论中国模特的职业化发展［J］. 艺术设计研究，2016，000（2）：38–41.

［60］李玮琦. 中国模特［M］. 北京：中国纺织出版社，2015.

［61］李倩文. 模特大赛活动策划的研究［D］. 武汉：武汉纺织大学，2017.

［62］于淼．中国模特业的现状与发展研究［D］．太原：太原理工大学．

［63］张靓.T台幕后：时尚编导手记［M］．北京：中国纺织出版社，2009．

［64］郑天琪．21世纪服装表演形态研究［D］．苏州：苏州大学．

［65］吕博．高等院校增置服装表演本科专业的可行性研究［J］．高教学刊，2016，
　　　000（3）：205-206．

［66］郭萌，李子晗．我国现行高校服装表演专业一专多能型发展模式探究［J］．艺术
　　　教育，2019，000（5）：238-239．

［67］杨婕．当前综合类大学表演专业建设和教学的改进思路［J］．教育现代化，
　　　2019，6（93）：90-91．

［68］龚界文．"马克思主义中国化研究"新进展［N］．北京日报，2004-09-27．

［69］郭海燕．服装模特停步方位与转体角度研究［J］．服饰导刊，10（1）：7．

［70］纪振宇．倾城之美［J］．中国服饰，2018（8）：32-35．

［71］孙晓晶．旗袍设计中体现出的中国元素［J］．西部皮革，2017，39（14）：72．

［72］卢敏．旗袍服饰表演艺术思考［J］．艺海，2018（2）：99-101．

［73］谢小娜．浅析旗袍表演中辅助表演方式的运用［J］．文艺生活·文海艺苑，2016，
　　　00（5）：272-273．

［74］沈月池．试说旗袍文化与音乐的融合［J］．戏剧之家，2019，000（1）：55-56．

［75］张涛．探析融合中国文化的服装表演舞美［J］.人文天下，2016（18）：78-79．

［76］李晓鲁，徐方，李敬玉，等．中国传统文化元素在本土服装品牌中的应用［J］．
　　　西部皮革，2018，40（16）：116．

［77］任昶．论中国古典音乐与服装表演的融合［J］．北方文学，2017（18）：109．

后记

　　本书从2019年开始着手，利用文献研究法进行相关资料与史料的搜集并研读，注重"以史为据"，整理出服装表演类不同年代与类别的书目、期刊、报纸、学位论文进行分析与调研。研究时间跨度较大，不仅包含服装表演的主体研究，还涉及历史学、社会学、经济学等方面的研究。

　　目前服装表演与其他学科的交流互动较弱，合作较少，迫切需要将研究成果付诸实践。作为中国特色服装表演的研究者，笔者坚持将优秀传统文化与时代精神相结合，推动中国服装表演的发展与创新，这是增强文化自信、传承弘扬中国传统文化的内在要求，也是繁荣发展文化事业和文化产业、提高国家文化软实力的现实需要。

　　在此，特别感谢中国纺织出版社有限公司的宗静老师给予我的鼓励和支持，感谢家人的支持和理解，正是有了你们的肯定与辛勤付出，才使本书得以顺利出版。

　　在写作过程中，本人借鉴了众多专家学者的理论以及相关史料。虽然力求有清晰的理论和创新的观点，但在撰写时难免会有不足之处，请专家和读者批评指正。

2021年10月于武汉

中国服装表演

百年发展与创编研究